体质酸性变碱性的关键饮食

4周碱回健康

40种改造体质的黄金食物×120道营养加倍的美味料理

=4周轻松碱回健康

法国蓝带骑士奖得主　吴大为

专业级营养师　　　　陈彦甫　著

U0318780

长江出版传媒

湖北科学技术出版社

体质调整好 健康逆转胜

　　根据统计，现在很多小学生有过敏或肥胖的问题，可见现代人的健康问题已经从小就开始出现了！医院每天总是人满为患，医生有看不完的病人，而为了不让就诊的"病人"苦等，医生接诊时心浮气躁，医院也逐渐商业化……

　　这些等待就诊的人，真的都是"病人"吗？其实有许多人是处于"亚健康"（subhealth）状况，也就是看似健康，但又常感觉浑身不自在，懒懒的、病恹恹的，去看病时，也说不上来哪里不舒服，在日本这种现象被称为"不定愁诉综合征"。当身体处于"亚健康"时，对此不理不睬，或轻易使用药物来治疗，都不是正确以及建议的做法，而应该从改变体质、调整生活作息开始做起，从维持身体机能正常运作的吃开始改变！

　　饮食是一件简单的事，只要张开口把食物吃下去就完成了。现在便利商店到处都是，只要想吃就随时可以吃，非常方便。因此，现代人对入口的食物完全没有节制，饮食作息也因此变得不正常，而老祖先说的"病从口入"就完全彰显在现代人的身上。

　　本书详细讲解了以4周为一循环的饮食模式，教读者如何选择食材、采用健康的方式烹饪食物。看完本书你自己就可以轻松制订个人专属的1周饮食表了，规划自己健康的饮食，循序渐进地把日渐恶化的体质慢慢改良，进而达到完全健康的身体状态。

　　希望阅读本书的每位读者，都能因此改变体质，"碱"回健康！

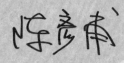

吃对东西，不代表吃进健康。
食物怎么挑、怎么吃更重要！

现今很多人都非常依赖电脑，上班、回家、写作业均不离电脑，常常一坐就是好几个小时，除了缺乏运动外，饮食作息也不正常，更严重的是，三餐饮食都过于简便，随意在外进餐。而近几年，又频频爆发瘦肉精、毒酱油、塑化剂、毒淀粉、黑心油等等食品安全问题，虽然这些东西吃下去之后，身体不会马上就有反应，但因现代人缺乏健康的饮食、定期的运动，毒素不易代谢出，久而久之就会成为偏酸体质。身体长期酸碱失衡，再加上不知不觉吃进有毒食物，就容易生病，进而罹癌。

现代人生活忙碌，平常很少注意身体的一些变化，总是等到身体生病、发出警讯时，才开始吃一堆补品、保健食品，补这、补那的。其实很多疾病在发病前，都可以通过改变体质而获得改善，这就是所谓的"治未病之身"。因此，为了预防疾病，平时就应该养好体质，使体内达到酸碱平衡，身体自然也会健康了。

很高兴能将30余年的料理经验写出来，并与专业的营养师一起精选出40种必吃的黄金食物，这些食材能将易生病的酸性体质变成健康的弱碱体质。这些食材以4周健康功效分类，从各种食物的营养价值开始，到食物的挑选、保存和美味的料理都有详细介绍。

古人云："医食同源。"现在，医学也证实饮食与健康是有关的。

本书不仅告诉你要吃什么，还教你怎么挑、怎么吃，并根据自己的状况来规划饮食。希望大家能跟着我们这本书享受美食的同时也兼顾健康。

吴大为

目录
Contents

目录
Contents

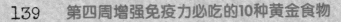

〔碱回健康〕 检测自己的体质

随着科技的进步，人类的生活与饮食文化也产生了巨大的变化。在过去，人的寿命不长，其原因主要是传染性疾病导致的，现代人的寿命比以前延长了，但仍有很多疾病可以导致死亡，而且这些疾病的发生有着错综复杂的原因，许多疾病到现在仍然令医学界束手无策。

好的体质是奠定健康的基础，"病从口入"是造成体质变差、容易生病的主因之一，现代人不愁没食物吃，但是不知该怎么吃。对忙碌的现代人而言，"垃圾食物"、"高热量低营养食物"这些都是最容易取得的食物，长久下来，体质渐渐变成偏酸性，而且容易生病，如果不改善饮食习惯，终将成为许多疾病的候选人，不得不慎！

我是酸性还是碱性体质？

我喜欢吃酸味食物（如水果类），所以是酸性体质吗？一般人对酸、碱的定义，误以为是根据食物入口后的感觉来判断的，但实际上"体质的酸碱性"并不是以食物的味道，而是根据食物经消化、吸收、代谢后，在体内所呈现的属性来判断。

血液与组织间液的酸碱度，是影响人体健康的主要因素。血液的功能，是当吃入的食物被消化成小分子时，将它们运送到全身，以供应人体细胞生长、修护，以及维持生命。组织间液是指血管以外细胞与细胞间的体液，细胞浸润在组织间液中，并通过组织间液来进行细胞间的互动沟通。间液的调控速度不快，不像血液有良好的酸碱平衡机制，所以一旦吃入太多偏酸性的食物，就容易对细胞产生伤害。如果这种状况持续得不到改善，细胞长久浸润在酸性环境中，最后身体就容易产生疾病！

正常人体的酸碱度（pH酸碱值）是弱碱性，在7.35～7.45之间，一旦体内酸碱度改变时，人体会启动以下三大安全机制。

缓冲剂： 释放碳酸与碳酸氢盐来中和酸性物质。

呼吸系统： 在缓冲剂与酸性物质中和的过程中，将产生的二氧化碳通过肺脏排出。

代谢系统： 肾脏会发挥功能，将酸性物质通过尿液排泄出体外。

这三大安全机制可使体内酸碱值保持在7.35～7.45的正常范围内，而摄取过多的酸性食物，或身体制造过多的酸性物质，将会使人体疲于奔命，最终，身体细胞将溃不成军，百病丛生！

我开始"酸化"了吗？

你是否担心自己的饮食习惯与生活方式已使体质变成了酸性？或身体出现莫名的生理表征，是否代表已变成酸性体质呢？

以下的"酸碱体质检测表"，可用来检测体质的状况，如果你现在的状况与项目内容相似，请在"是"方格中打钩，打钩的项目越多，表示你目前体质酸化的情况越严重，只有改变生活习惯与饮食，才能"碱"回健康。

酸碱体质检测表

项目	内容	否	是
饮食习惯与生活方式	饮料当白开水喝		
	每天喝的白开水不足1500毫升		
	不爱吃青菜		
	爱吃甜点、精细食品（如：蛋糕、零食）		
	1周饮酒超过3次，且没有节制		
	有抽烟习惯		
	有吃夜宵的习惯，或晚上8点后才吃晚餐		
	常吃油炸食物		
	无肉不欢，爱吃红肉（如牛肉、猪肉）		
	经常熬夜？经常凌晨1点后才睡觉		
	很少运动？1周运动量未满3个小时		
	经常感觉生活或工作压力大，又无法适时释放压力		
生理表征	皮肤无光泽，容易红肿、过敏		
	稍动一下就会感到疲劳，或一天没做什么事，也会感到很疲倦		
	难以入睡，睡眠品质差，即使早睡，早上起床仍会觉得没睡好		
	不易控制体重，最近体重增加了很多		
	记忆力减退或精神无法集中		
	排便状况不佳，常有便秘的现象		
	血液循环不佳，有手脚冰冷现象		
	容易被蚊虫叮咬或伤口容易化脓		
	容易感冒或是发热，抵抗力差		
	常莫名头痛或肩膀腰背酸痛		
	有口臭的困扰		

体质从酸性变碱性的生活与营养摄取关键

要想改变偏酸体质，就要全面调整生活作息

酸性体质的发生和日常许多不良的生活习惯有关，这些习惯通常我们并不在意，但长久让体内细胞浸润在酸性环境中，就容易产生疾病，不可不慎！

熬夜

现代人的夜生活多姿多彩，许多人晚上舍不得睡，不到凌晨两三点无法入眠，身体无法得到休息，导致体内的酸性物质急增，并且无法及时排出体外而囤积在体内。

吃夜宵／睡前进食

现代人获取食物很容易，满街都是便利商店，肚子饿了随便找一家就可以吃到东西，因此，三餐定时定量的观念早已被现代人所淡忘。事实上晚上8点过后再摄食，由于与睡眠时间相隔不长，很有可能造成食物未完全消化而留在肠道中，被肠道里的有害菌发酵后就会产生毒素，使体质变酸的同时，还会使肠道功能受到伤害。

少吃青菜

青菜是一餐中最主要的碱性食物来源，但现代人不爱吃青菜，尤其是学龄儿童。现在肥胖学童的数量不断地增加，从小体质没打好，将来更容易生病。青菜含有丰富的膳食纤维，可以协助肠道蠕动，促使酸性毒素排出体外，是帮助调整体质的重要角色。

运动量不足

忙碌的现代人，特别是上班族坐在办公室一坐就是一整天，除了上厕所会活动身体外，几乎很少在动，平时从早忙到晚，假期又要用来补觉，1周几乎都不运动。有人一想到运动，就认为一定要汗流满面才叫运动，其实让身体活动才是重点。"要活，就要动"，动起来，身体才有足够的能力将体内的酸性毒素排出。新陈代谢增强了，身体自然就会健康。

压力

烦恼与压力，这是现代人常见的问题，适时地舒解压力有利于身体健康，不然，长

久积累下来的压力容易使身体的机能失调，进而影响神经系统、内分泌系统，使身体变成酸性，最终危及健康。

从吃碱性食物开始

饮食是件幸福的事，享受食物美味的同时，也从食物中获取营养，帮助我们打造一个健康的身体。饮食也是自由、快乐的，但需要有计划地摄取，才可循序渐进地改善偏酸体质。

可以维持身体机能的食物繁多，要记住每种食物的酸碱度有一定的困难，基于此，我们根据实验分析的结果，对不同种类食物的酸碱度简略地作了一个概括。

酸性食物： 动物性食物、油脂类、谷类、零食、饮料、坚果种子类。

碱性食物： 植物性食物。

影响食物偏酸或偏碱的主因，在于食物中所含的营养素不同。如果食物中所含的蛋白质、脂肪、糖类比例居高，在经人体消化吸收代谢后，有可能会形成酸性物质；含矿物质量较高的食物在消化吸收后，会呈现偏碱的属性。当饮食失衡时，体内的酸碱度才会产生明显的变化，如果不及时改变，身体就会开始出现不适的症状。

现代人由于生活忙碌，尤其是双薪家庭，根本没有时间去市场买菜，多为外食，因此，容易吃进过多的肉类或其他的酸性食物，酸碱食物摄取不均，使身体长期浸润在偏酸环境下，最终产生疾病。

肉类是餐桌上最主要的酸性食物，那是不是说不该吃肉呢？其实适度地摄取肉类，对酸碱平衡以及维持健康，还是有很大的助益，例如，一般素食者容易缺乏维生素B_{12}，这种物质在肉品中的含量就较多，还有重要的造血元素铁，虽然在植物性食物中也有，但其吸收利用率没有肉类高。所以，按照均衡饮食摄取原则，一餐应该由主食、半荤半素的主菜、汤品、水果组成，只有在这样的饮食模式下，我们才可以摄取到足够的营养素，以及维持体质偏碱的元素。

改变偏酸体质，是达到良好健康状况的第一步。如何让体质从酸性变为碱性，并不是完全只吃淡而无味的蔬果，而是利用不同食材，搭配含有不同营养素的食物，烹调出美味佳肴，轻松地改变以往的饮食模式，养成营养健康的摄食习惯。

本书针对现代人的生活形态，设计出方便的均衡饮食模式，告诉你如何通过饮食搭配，循序渐进地改变酸性体质。书中列出了40种平常易见的食材和120道营养健康的美味料理，引导大家根据自己的饮食习惯和方便性，设计日常饮食菜单，以4周一循环的方式实行，4周后你的身体将会有不同的感受。

1周饮食设计关键

食材挑选　排酸为要（重要的事）

现在时不时就会爆出蔬菜"农药残留"过高、食品中的防腐剂或其他添加剂超标等食品安全问题，如何选择可以安全入口的食物？本书对食材的挑选方式进行了详细的说明。选择好的、新鲜的食材，将有助于加快体质调整。

计划饮食　排酸为需（需要的事）

饮食还要计划？会不会太辛苦了？很多人一听到饮食计划，就会马上意兴阑珊，提不起劲来。其实饮食是件自由的，也是幸福的事，只要稍做改变，你会发现饮食计划其实并不难。

本书在介绍每周必吃的10种黄金食物之后，会示范1周的菜单设计，你可以直接按表食用，也可以从书中了解饮食的重点和设计原则后，设计专属个人的菜单。只要循序渐进地改变饮食，相信短短的4周，身体就会有明显的变化。

每日至少摄取3～4份蔬菜（必不可少）

蔬菜类是餐桌上一道非常重要的料理，一些机构的每日饮食指南中，建议每日至少要摄取3～4份蔬菜，认为这是维持健康不可少的。在本书中较少列出蔬菜的料理食谱，原因是蔬菜类的料理比较简单，尽量采用低油、低盐的料理方式，这样能充分地保留蔬菜的营养。总而言之，在一餐中，青菜是一定要有的喔！

饮食设计原则

可参照本书的食谱来设计。

青菜类，可以直接利用当季蔬菜来料理，或根据本书的食谱来挑选。

除正餐之外，另外建议一日至少摄取2份水果。（分量请见第183页的"水果1份换算"附表）

六大类食物——全谷根茎，豆类、鱼、肉、蛋，青菜，水果，油脂，乳品类，尽可能每日都摄取到这些食物。

料理原则

白米的选择

建议使用有品牌的粳米，因为这些米大都经过检验，品质与口感相对较好。

料理油的选择

建议使用葡萄籽油，因为其含有抗氧化物质前花青素（OPC），且葡萄籽油是ω–6系油脂，多元不饱和脂肪酸含量较高，耐热度佳，有降低血脂浓度和预防心血管疾病的功效。经实验证明，葡萄籽油耐高温、不易变质，适合煎、煮、炒、炸等料理方式。

谷类的清洗

不管新、旧谷类，建议用清水清洗3次以上，并最好能浸泡一段时间，以降低农药残留。

蔬菜的清洗

建议用清水清洗3次以上，并用流动的水冲洗10分钟，以降低农药残留。

调味计量的标示

1小匙＝5毫升

1大匙＝3小匙＝15毫升（相当于家里喝汤用的一汤匙计量）

少许＝建议按个人口味酌量添加

油温的测量方式

120~140℃：放入一小片姜片，会慢慢浮至中央。

160~180℃：放入一小片姜片，会马上浮起。

第一周调整胃肠功能
必吃的10种黄金食物

胃肠功能好，酸性毒素就排得快，
可以使人体保持健康。

现代人常会出现一些类似生病的生理症状，
这就是所谓的"亚健康"。
体质偏酸是造成"亚健康"的主因之一，
所以，要想改变"亚健康"状况，就要从调整体质开始。
改善胃肠道的功能，是调整体质的第一步。

糙米

别名：玄米

主要营养成分：蛋白质、不饱和脂肪酸、膳食纤维、镁、锌、铁、锰、B族维生素、维生素E

专家提醒

糙米是营养丰富的全谷类食物，由于现代人习惯吃精细食物，所以刚开始可能难以接受糙米。建议可以先以4∶1（白米∶糙米）的比例来烹煮食用，再慢慢更改比例。

也可按照本书提供的食谱来料理食用。

专家细选

选购时，建议选择米粒完整、饱满，表面有光泽，颜色呈淡褐色的。米粒有断裂或有裂纹说明里面混有不好的米，要避免选购。若米粒看起来没有光泽、闻起来有淡淡的霉味、摸起来粉粉的，说明已放置过久，容易产生黄曲霉素，切勿购买。购买包装米时，建议选购包装上清楚标示有品种、产地、生产日期、加工日期和厂商电话等资料的知名品牌，这类米较有品质保证。

保存处理方式

1. 建议存放在阴凉干燥处，避免受潮。为了避免产生黄曲霉素，建议密封存放在冰箱冷藏。

2. 烹煮前，建议用清水反复清洗至少3次，浸泡至少1小时，这样可以减少农药残留并增加口感。

重量（克）	蛋白质（克）	脂肪（克）	糖类（碳水化合物）（克）	膳食纤维（克）
100	7.9	2.6	75.6	3.3

碱 示 点 1

膳食纤维　　排酸，延缓血糖上升

糙米是从田间收获后的稻谷，经脱去谷壳加工后的部分，由于去壳后仍保留有许多营养成分，尤其是含有丰富的膳食纤维，所以糙米能够促进胃肠道蠕动，帮助身体排出多余的酸性毒素，减少毒素对肠道细胞的伤害，可预防肠癌的发生。糖尿病患者适合以糙米为主食，这样可以减缓消化吸收的速度，不易造成血糖急速上升，有助于控制血糖。

碱 示 点 2

B族维生素　　提升酸性物质代谢

糙米保留了稻米的米糠和胚芽，故B族维生素含量丰富。B族维生素是人体消化、吸收代谢过程中所必需的重要营养成分，可以协助体内的酵素进行代谢反应。各种食物在体内进行代谢时，会产生不同的酸性物质，一旦B族维生素缺乏，将会导致代谢受阻，使酸性物质滞留体内，身体容易出现疲劳的现象。

碱 示 点 3

锌元素　　促进伤口愈合

糙米中含有碱性矿物质镁、锌、铁、锰，当吃入太多的酸性食物后，这些矿物质与酸性食物会产生酸碱中和反应，将有害的酸性物质转化成无害的物质，并排出体外。因此，适度地以糙米为主食，可以帮助偏酸性体质的人慢慢改变成偏碱性的体质。

三彩糙米饭

材料

糙米200克，红薯、紫薯、胡萝卜各半条，水约300毫升（需盖过米饭）

做法

1. 糙米清洗3次，泡水约1小时后，将水滤掉备用。
2. 红薯、紫薯、胡萝卜去皮，切成块状备用。
3. 将泡好的糙米、薯块、胡萝卜放入电饭锅中加水煮熟，开盖透气后翻拌即可。

营养笔记

糙米中丰富的膳食纤维可以促进肠道蠕动，使有毒酸性物质排出体外。红薯中的寡糖成分，有助于肠道中有益菌的生长、繁殖。

糙米菜饭

材料

糙米200克、圆白菜1/4颗、胡萝卜半条、肉丝40克、干香菇15克、鸡肉高汤约250毫升

调味料

盐少许

做法

1. 糙米清洗3次后，用水泡约1小时，将水滤掉备用。
2. 圆白菜切丝；胡萝卜去皮、切丝；干香菇洗净后，用温水浸泡15分钟，切丝备用。
3. 将糙米与圆白菜、胡萝卜、香菇、肉丝放入电锅中，加入鸡肉高汤与调味料煮熟即可。

营养笔记

糙米含有能提升代谢力的B族维生素，可促进营养素的吸收和利用。胡萝卜中的β-胡萝卜素具有抗氧化功能，可中和酸性毒素，降低对细胞的伤害。

糙米蔬菜粥

材料
糙米150克、圆白菜1/4颗、山药半根、胡萝卜半条、洋葱1/3个、干香菇30克、香菜叶少许、水约2400毫升

调味料
盐、白胡椒粉皆少许

做法
1. 糙米复清洗3次，泡水约1小时后，将水滤掉备用。
2. 山药、胡萝卜去皮后切块；圆白菜、洋葱切丝备用。
3. 香菇洗净，用温水浸泡15分钟，挤干水分，切丝，香菇水可当高汤使用。
4. 糙米加水和香菇高汤煮滚后，改小火续煮约20分钟。
5. 再将胡萝卜、山药、圆白菜、洋葱、香菇以及盐放入，同煮至软，起锅前撒上白胡椒粉和香菜叶，以增加粥的香味。

营养笔记
糙米中的不饱和脂肪酸，可以润肠通便，有助于将毒素排出体外。胡萝卜、圆白菜与洋葱中含有的水溶性膳食纤维，能增加饱腹感，减少食量。

燕麦

别名：雀麦

主要营养成分：膳食纤维、钙、磷、铁、锌、锰、铜、B族维生素、β-葡聚糖、植物固醇

专家提醒

1.一般人觉得燕麦只能以甜点方式来食用，而事实上燕麦的烹调方法很多，本书提供了一些咸味的燕麦料理食谱，可以尝试一下。

2.市售的即食燕麦片是经过烤焗、切成薄片、碾平的产品，故只加入热水便能快速复水，也不需要煮便可直接食用，但味道、口感与未加工的燕麦不同。

专家细选

选购时，建议选择麦粒完整，表面有光泽且颜色为土褐色的，营养价值和口感较佳。避免选购麦粒断裂或破损的。如果购买的是有包装的，则建议选购包装上清楚标示有品种、产地、生产日期、加工日期和厂商电话等信息的知名品牌，以保证品质。

保存处理方式

1.建议存放于阴凉干燥处，避免受潮，如果需保存较久的时间，建议密封存放于冰箱冷藏，避免吸收到冰箱的异味和受潮。

2.烹煮前，建议用清水清洗至少3次，浸泡至少1小时，以减少农药残留和增加口感。

重量（克）	蛋白质（克）	脂肪（克）	糖类（碳水化合物）（克）	膳食纤维（克）
100	11.5	10.1	66.2	5.1

β−葡聚糖　　排酸提升免疫力

燕麦这几年已成为炙手可热的天然保健食品，主要原因是发现其含有丰富的β−葡聚糖。吃燕麦时，口感黏黏的胶状物质就是β−葡聚糖，它属于多糖体，可以促进肠道内益生菌繁殖，使肠道菌群平衡，增强肠道的排泄功能。因此，燕麦不仅有助于酸性物质排出，而且还具有活化吞噬细胞，增强人体免疫功能的作用。

丰富微量元素　　调整偏酸体质

燕麦含有非常多的微量元素，例如钙、铁、锌、锰、铜等，这些微量元素在体内可以中和大鱼大肉经消化吸收后所形成的酸性体质，帮助人体营造健康、偏碱性的体内环境，以减少慢性病的罹患。另外，钙质是骨骼中的重要成分，可增强骨质密度，减少骨质疏松症的发生。

植物固醇　　可以吸收胆酸，降低胆固醇

胆酸是肝脏利用胆固醇合成，用以帮助脂肪代谢的物质，但部分胆酸的代谢产物会通过血液再吸收，回到肝脏再利用，使体质酸化。植物固醇具有吸收胆酸的功能，可以促使胆酸随粪便排出体外，并且它有类似胆固醇的结构，在肠道中能与胆固醇竞争吸收位置，因此，有降低胆固醇的功效。

燕麦鲜果牛奶粥

材料

燕麦100克、鲜奶300毫升、猕猴桃1颗、水约150毫升

做法

1. 猕猴桃去皮、切丁，备用。
2. 燕麦清洗3次，泡水1小时，将水滤掉后，放入电炖锅，内锅加水150毫升（外锅加1碗水），将燕麦煮熟后，再焖10分钟。
3. 食用时再加入鲜奶煮开，起锅后加入猕猴桃丁即可。

营养笔记

燕麦含水溶性膳食纤维，能帮助宿便排出，扫除肠内毒素；牛奶中的脂肪有润肠功效；鲜果富含维生素，可以提振精神，是一道很适合早餐的料理。

这道料理中的鲜果种类，可以根据个人喜好来放。

燕麦三宝饭

材料

燕麦80克、胚芽米80克、芡实50克、水约200毫升

调味料

盐少许

做法

1. 芡实洗净；燕麦、胚芽米清洗3次，泡水1小时，将水滤掉后备用。
2. 三者放入电饭锅加水烹煮，食用时再搅拌一下即可。

营养笔记

燕麦、胚芽米、芡实含丰富的淀粉质，可以提供人体主要的能量，其丰富的膳食纤维能预防便秘，减少体内的毒素。

燕麦珍珠丸子

材料
燕麦70克、圆糯米150克、水200毫升、
奶酪片2片

调味料
盐少许、少盐酱油2大匙

器具
保鲜膜

做法
1.将奶酪片切成约2厘米宽的小片。

2.燕麦、圆糯米清洗3次，泡水1小时，将水
滤掉。
3.放入电饭锅加水煮熟后，与调味料搅拌均匀。
4.取出一大匙放在保鲜膜上压平后，放上奶
酪片，包成球状即可。

营养笔记
燕麦中的多糖体——葡聚糖，除具有整
胃护肠，帮助酸性物质排出体外的作
用，还具有活化免疫细胞的功能。

小米

别名：粟米

主要营养成分：维生素A、B族维生素、维生素E、膳食纤维、胡萝卜素、镁、锌、硒、钙

专家提醒

1. 肠胃不佳、经常腹泻的人，可以常吃小米粥，以提升肠道的功能。
2. 小米不含麸质，故对麸质过敏者而言，是一种可以放心进食的谷类食物。

专家细选

建议选购颜色金黄色、有光泽的，这种米质较为新鲜。颜色较深的小米说明放置过久；质地较硬者，营养与口感较佳，若手感轻或抓起一把往下撒，很容易飞起，就说明里面混合有空心小米，应避免选购。如果购买的是包装米，建议选购包装上清楚标示有品种、产地、生产日期和厂商电话等信息的知名品牌，这样的较有品质保证。

保存处理方式

1. 存放于阴凉干燥处，避免受潮；若需保存较久的时间，建议密封存放于冰箱冷藏，避免吸收到冰箱的异味和受潮。
2. 烹煮前，建议用清水至少清洗3次，浸泡30分钟，以减少农药残留和增加口感。

重量（克）	蛋白质（克）	脂肪（克）	糖类（碳水化合物）（克）	膳食纤维（克）
100	18	1.0	0.0	0.0

碱 示 点 1

β-胡萝卜素　　中和活性氧，减少自由基的伤害

氧是造成物质酸化的元凶之一。身体在进行新陈代谢过程中会产生自由基（又称活性氧），我们的身体虽然会制造抗氧化酵素，但随着环境、饮食的改变，人体中抗氧化酵素的制造量就会不足。小米中丰富的β-胡萝卜素是强有力的抗氧化营养素，可降低自由基对人体的伤害。

碱 示 点 2

微量元素硒＋维生素E　　加强抗酸化

为了维持健康，人体细胞无时无刻不在进行抗氧化。微量元素硒具有保护细胞膜、提高免疫能力，以及协助解毒的功能；维生素E可以防止细胞膜上形成过氧化物。当硒与维生素E同时存在时，二者可以减少细胞膜、细胞核、染色体受到自由基的攻击，降低细胞癌变的风险。

碱 示 点 3

膳食纤维　　增强肠道功能，促进酸性毒素排出

小米颗粒小，易烹调、易消化，对肠道功能不佳的人或年长者而言，是非常好的主食来源。小米的膳食纤维含量丰富，有利于调整胃肠功能，可以促进肠道蠕动，将毒素排泄出体外，有利于改善体质。

小米南瓜粥

材料
小米200克、南瓜200克、水约1200毫升

做法
1. 小米清洗3次，泡水30分钟，将水滤掉备用。
2. 南瓜带皮去籽洗净后，切成小块。
3. 将小米沥干与南瓜块加水煮滚后，改小火续煮至微稠状即可。

> **营养笔记**
> 小米与南瓜均含有微量元素硒，是人体抗氧化酵素的辅助因子，可帮助人体对抗自由基，减少细胞的损害，降低癌变的风险。

小米蒸饭

材料
小米150克、粳米100克、鸡高汤220毫升

调味料
盐少许

做法
1. 小米与大米清洗3次，泡水30分钟后，将水滤掉备用。
2. 过滤后倒入电饭锅，加入鸡高汤与盐煮熟即可。

> **营养笔记**
> 小米是易于烹调及消化的食材，含有钙、铁、钾、镁多种矿物质，能够中和酸性代谢物质，使体质保持酸碱平衡。

小米锅巴

材料

小米150克、黑芝麻20克、玉米粉30克、虾皮30克、葡萄籽油2大匙

调味料

盐少许

做法

1. 将小米清洗3次，泡水30分钟后过滤取出，倒入电炖锅，内锅水量与小米平高，外锅加80毫升的水，煮熟备用。
2. 虾皮洗净后沥干水分，用小火炒香备用。
3. 煮熟的小米加上玉米粉、虾皮、芝麻与盐混合搅拌均匀，压成饼状。
4. 热锅加油，放入小米饼，将两面煎至金黄即可。

营养笔记

小米中丰富的β-胡萝卜素可转化成维生素A，具有降低自由基对细胞的损伤，以及保护视力的作用。黑芝麻中的芝麻素有保肝功效，可提高肝脏的排毒功效。

鳕鱼

别名： 明太鱼

主要营养成分： 维生素A、维生素E、胆碱、镁、锌、硒、钙、ω-3不饱和脂肪酸

专家提醒

鳕鱼是餐桌上常见的鱼类，但由于价格比其他鱼种贵很多，因此有些商家常常用油鱼假冒鳕鱼出售，所以在挑选时要特别留意。

专家细选

油鱼的肉质颜色较黄、较粗，按下去手感较硬，鱼皮呈浅灰白色。新鲜的鳕鱼肉质雪白、细致，按下去有弹性，鱼皮呈黑色。如果摸起来黏黏的、软软的，说明鱼不新鲜。如果闻起来有刺鼻的味道，说明用化学药剂处理过，应避免购买。

保存处理方式

1. 如果当天不吃的话，建议用密封袋装好存放在冰箱-18℃的冷冻层中。解冻时可以先放在冷藏层中退冰，或连同密封袋浸泡于常温水中解冻。

2. 洗净后用于料理时，建议擦干鱼身表面的水，以避免油爆。下锅前再抹上少许的盐，以保持肉质鲜美，切勿太早抹盐，否则易使肉质失去水分，影响口感与营养。

重量（克）	蛋白质（克）	脂肪（克）	糖类（碳水化合物）（克）	膳食纤维（克）
100	18	1.0	0.0	0.0

营养 1

优质蛋白质　　促进生长发育，强化免疫力

鳕鱼为深海鱼种，肉质细腻易消化，油脂含量低，蛋白质品质优，含有人体生长发育所需的氨基酸。必需氨基酸是体内激素与酵素合成，以及免疫细胞生成过程中主要的原料之一，能提升免疫力。

营养 2

ω-3不饱和脂肪酸　　降低血脂，预防中风

鳕鱼的油脂含量不高，而且鱼肉中的大部分脂肪，是对人体相当有助益的ω-3多不饱和脂肪酸，其成分主要为DHA和EPA。其中，DHA是脑神经细胞发育所必需的营养成分，它能活化脑神经细胞，保证讯息传导顺畅，提高学习力和记忆力。

营养 3

丰富的胆碱　　健脑防失智

胆碱是一种有类似维生素作用的营养素，在人体内具有乳化脂肪的功效，能协助脂肪的代谢，故又被称为"趋脂因子"。鳕鱼含有丰富的胆碱，能预防脂肪肝的发生。最近研究发现，老年失智患者体内缺乏胆碱，增加胆碱有益于脑部保健。

酱烧鳕鱼

材料
鳕鱼1块（约350克）、葱2根、姜1小块、葡萄籽油2大匙

调味料
干贝蚝油3大匙、黑醋2小匙、水约150毫升

做法
1. 鳕鱼洗净，沥干水分；青葱去掉根头，切成丝；姜切丝备用。
2. 热锅加油，将鳕鱼微煎两面后，加入调味料。
3. 待酱汁剩3/4时翻面，烧至酱汁剩一半时将鱼块盛出。
4. 利用锅底酱汁与余温，将姜丝及葱丝略煮后，放在鳕鱼上，再淋上剩余酱汁即可。

营养笔记
鳕鱼脂肪含量低，而优质蛋白质含量丰富，易于消化吸收，可以给人体提供免疫细胞生成所需的原料，能够增强免疫力。

破布子蒸鳕鱼

材料
鳕鱼1块（约350克）、破布子1罐、姜1小块、枸杞5克

调味料
酱油3大匙、香油2小匙

做法
1. 鳕鱼洗净、沥干水分；姜切成丝备用。
2. 将鳕鱼、姜丝及破布子、枸杞置于盘中，倒入酱油，然后放入电炖锅中，外锅倒入半碗水，待蒸熟后淋上香油即可。

营养笔记
鳕鱼ω-3不饱和脂肪酸含量高，可预防血管栓塞，避免中风发生，还具有延缓脑退化的功能。破布子有开胃健脾的功效，能促进营养素的吸收。

日式照烧鳕鱼

材料
鳕鱼1片（约350克）

调味料
A.酱油6大匙、清酒6大匙、砂糖1大匙
B.盐少许

做法
1.鳕鱼洗净、沥干水分，抹上少许盐备用。
2.将调味料A放入锅中，用小火煮至微稠后熄火，制成照烧酱。

3.将鳕鱼两面涂上照烧酱，放入烤箱（上火200℃，下火180℃）中烘烤，待酱汁略微烤干后，再取出涂抹酱汁。
4.反复涂烤3次至熟后即可。

营养笔记
鳕鱼中的钙、镁元素含量丰富，具有补充骨质的功效，能预防骨质疏松的发生。又因为钙和镁是碱性元素，能中和酸性毒素，调整体内的酸碱平衡。

鸡肉

别名：仿土鸡

主要营养成分：必需氨基酸、不饱和脂肪酸、维生素A、维生素B、钙、铁、铜

专家提醒

鸡肉食材，一般以鸡胸肉及鸡腿肉为最常见。鸡胸肉脂肪含量低，而鸡腿肉的脂肪略高一些，二者的脂肪都是以不饱和脂肪酸为主，所以不管吃哪个部位都不错。

专家细选

避免选购肉质摸起来有黏性，按下去没有弹性，或是颜色不均匀及太深者，这样的鸡肉说明不新鲜了。另外，鸡皮上的毛孔越小，肉质越嫩。

保存处理方式

1.建议用密封袋包装冷藏于4~6℃的温度中，可以在短时间内避免鸡肉中的蛋白质变质；如果需要存放较长的时间，最好放在-18℃的温度中冷冻保存。

2.冷冻的鸡肉取出解冻时，可先置于冷藏室退冰，或是用密封袋隔水浸泡解冻。烹煮前，用清水清洗干净即可。

重量（克）	蛋白质（克）	脂肪（克）	糖类（碳水化合物）（克）	膳食纤维（克）
100	22.4	0.9	微量	－

营养 1

必需氨基酸　　促进伤口愈合，提升精神活力

鸡肉是低脂、高蛋白的食物，蛋白质结构中的氨基酸为必需氨基酸，是人体无法自行合成的营养素。其中，赖氨酸的含量丰富，除了能促进钙质的吸收和胶原蛋白的形成，还能使肌肉更强健，因此，对刚开过刀以及受到运动伤害的患者而言尤其重要。

营养 2

富含胶原蛋白　　丰润肌肤，骨骼保健

鸡爪、鸡冠中含有很丰富的胶原蛋白成分，当人体遭受自由基攻击，导致胶原蛋白受损时，可以提供修护用的主要原料，还可以延缓肌肤出现皱纹等相关问题。胶原蛋白也是骨关节中的重要成分，可以延缓退化性关节炎的发生。

营养 3

脂溶性抗氧化物维生素A、维生素E　　帮助肝脏排毒

鸡肉中含有丰富的维生素A、维生素E成分，能够保护视力和维持细胞膜的完整，且维生素A、维生素E也是抗氧化营养素，可以协助肝脏进行解毒，降低自由基毒素对人体的伤害，能够预防癌症。

五味鸡柳

材料
鸡胸肉150克、葡萄籽油5大匙、淀粉2大匙

调味料
A.葱末1大匙、姜末1大匙、蒜末1大匙、番茄酱2大匙、砂糖1大匙、酱油膏1大匙

B.白胡椒粉1大匙、盐少许、米酒1大匙

做法
1.将调味料A搅拌均匀备用；鸡肉切成条状，加入调味料B腌渍10分钟，撒上淀粉拌匀备用。

2.热锅加油，待烧至约180℃放入鸡肉条过油，待鸡肉条浮起捞出。

3.倒出热油，剩锅底油改小火，放入鸡肉条，加上调味料A，改中火翻炒均匀即可。

营养笔记
与猪肉、牛肉比较，鸡肉的脂肪含量低，也较容易消化吸收，并且含有较多的不饱和脂肪酸，能润肠健胃，降低心血管疾病的发生。

木须鸡肉

材料
鸡胸肉100克、小黄瓜1条、鸡蛋1个、黑木耳2朵、山药1/4根、洋葱1/4个、青葱2根、葡萄籽油5大匙

调味料
A.酱油2大匙、米酒1大匙、盐少许

B.白胡椒粉1小匙，米酒1大匙、淀粉1大匙、盐少许

做法
1.鸡肉切成片，用调味料B腌渍10分钟备用；小黄瓜去头尾斜切片；蛋均匀打散；黑木耳切成丝状；山药去皮切成片；青葱去根头切段；洋葱切丝备用。

2.热锅加油，蛋液用大火翻炒至有蛋香味，加入鸡肉片，炒至肉泛白时，加入小黄瓜、黑木耳、山药、洋葱拌炒，最后加入调味料A及葱段拌炒均匀即可。

营养笔记
鸡肉含丰富的脂溶性维生素A、维生素E，是强力抗氧化维生素，能预防坏胆固醇被自由基氧化，造成血管阻塞的问题。

百合鸡肉片

材料

鸡胸肉150克、鲜百合1个、山药1/4根、胡萝卜1/4条、青葱1根、葡萄籽油5大匙

调味料

A.白胡椒粉1小匙、蛋清1份、淀粉1大匙、盐少许

B.米酒1大匙、盐少许

做法

1. 鸡胸肉切片，加入调味料A，腌渍约10分钟。
2. 胡萝卜去皮切块；青葱去根头切段；山药去皮切块；百合去蒂采花瓣备用。
3. 热锅加油，待烧至约180℃放入鸡肉片过油后捞起，沥油备用。
4. 将油倒出，剩锅底油改小火，放入葱段爆香，再依次放入胡萝卜、山药及百合。
5. 翻炒均匀后倒入鸡肉片，再改大火翻炒数次，加入调味料B，翻炒均匀后，即可盛盘。

营养笔记

鸡肉的蛋白质中富含必需氨基酸，能增加肌肉组织和促进伤口愈合。百合、山药、胡萝卜中的植物生化素有增强体质的功效。

毛豆

别名：菜用大豆

主要营养成分：蛋白质、不饱和脂肪酸、卵磷脂、大豆异黄酮、维生素E、钙、镁、铁

专家提醒

1. 一般人习惯把毛豆当成喝啤酒时的下酒菜，不知不觉地就会吃太多，造成热量增加，体重直线上升，因此，不建议这样食用。
2. 毛豆中的钾离子含量不低，肾脏功能异常的人要控制食用量，不宜过多。

专家细选

选购毛豆仁时，建议选择有分量、有光泽、饱满的；如果有脱皮现象，说明水分流失了，应避免选购。

保存处理方式

建议密封存放于4～6℃的冰箱冷藏室中，可存放5～7天。如果冷藏的温度太低，则容易冻伤，冻伤后的毛豆颜色不均，而且还会影响口感与营养价值。

重量（克）	蛋白质（克）	脂肪（克）	糖类（碳水化合物）（克）	膳食纤维（克）
100	14.0	3.1	12.5	4.9

碱 示 1

大豆胜肽　　抗氧化，促进肠道益生菌增生

毛豆是黄豆未完全成熟的种子，具有淡淡的豆香味，富含植物蛋白质，能够在体内转化为胜肽小分子，快速通过小肠黏膜直接被吸收，其吸收率比氨基酸更快。大豆胜肽有很多功效，能帮助肠道益生菌增生，调节肠道功能，使排泄更顺畅。

碱 示 2

不饱和脂肪酸　　润肠通便，降低血脂

毛豆在豆类中脂肪含量较高，但它所含的脂肪是不饱和脂肪酸，是人体必需的脂肪酸。这种营养成分具有润肠功能，可以帮助排便，预防便秘，减少肠癌的发生；还可以促进脂肪代谢，降低血液中甘油三酯及胆固醇的含量，具有心血管保健功效。

碱 示 3

钾离子排水　　促进酸性物质排泄出体外

毛豆含有丰富的钾离子，钾离子在体内可以将"爱抓取水分"的钠离子排挤掉，让水分不滞留在体内，相对地也能增加毒素排出体外的机会，有助于维持体内酸碱平衡。

南洋毛豆干

材料
毛豆仁200克、豆干3块、葡萄籽油2大匙

调味料
沙嗲酱1大匙

做法
1.毛豆仁洗净；豆干洗净、切丁备用。
2.热锅加油，放入毛豆及豆干丁翻炒至熟。
3.再加入沙嗲酱拌炒均匀即可。

营养笔记
毛豆含有丰富的植物蛋白和矿物质铁、钾、钙、磷、镁、锰、锌、铜，具有调节酸碱平衡的功效。

毛豆虾仁

材料
毛豆仁200克、虾仁100克、姜1小块、青葱2根、葡萄籽油2大匙

调味料
米酒1小匙、白胡椒粉少许、盐少许

做法
1.毛豆仁用滚水汆烫后捞出；青葱去根头、洗净切段；姜切成片备用。
2.虾仁倒入已熄火的滚水中，焖煮3分钟捞出备用。
3.热锅加油，爆香姜片、葱段，再倒入毛豆及虾仁，加入调味料翻炒均匀即可。

营养笔记
毛豆含丰富的水溶性B族维生素，能增强细胞的代谢，且有消除疲劳，提振精神的功效；虾仁中的虾红素具有抗自由基的效果。

干贝发菜毛豆羹

材料
干贝4个、毛豆仁100克、发菜10克、鸡高汤600毫升、姜1小块、葱1根、香菜少许、葡萄籽油2大匙、淀粉水2大匙

调味料
蚝油2小匙、香油1小匙、盐少许。

做法
1. 干贝洗净，用温水泡软后，撕成丝状备用。
2. 毛豆、发菜洗净；葱切成段；姜切片；香菜切末备用。
3. 热锅加油，放入葱、姜爆香后加入毛豆翻炒。
4. 倒入鸡高汤、发菜、干贝丝，加入盐和蚝油，轻拌均匀。
5. 加入淀粉水勾芡，待煮滚后起锅，淋上香油及撒上香菜末即可。

营养笔记
毛豆是碱性蔬菜，有净化血液、平衡酸碱体质的功效，其所含的卵磷脂在体内能转变为脑神经传递物质，有健脑的功效。发菜如果不易购买，可以用紫菜代替。

秋葵

别名：黄秋葵

主要营养成分：膳食纤维、糖蛋白、β-胡萝卜素、叶绿素、维生素B$_2$、钾、钙、镁、铁、锌

专家提醒

秋葵含有黏液，许多人不太能接受，加上又常以凉拌为主，所以让很多人敬而远之。本书提供了秋葵的几种料理方式，希望能让更多人喜欢上这种食材。

专家细选

建议选择颜色翠绿、有分量的，这样的较新鲜且有水分。表皮有黑点、蒂头易脱落的，说明已放太久不新鲜了，要避免选购。

保存处理方式

清洗后，一定要擦干或晾干，再密封存放于冰箱冷藏，建议尽快食用。

重量（克）	蛋白质（克）	脂肪（克）	糖类（碳水化合物）（克）	膳食纤维（克）
100	2.4	0.2	8.3	4.1

碱 示 点 1

黏性糖蛋白　　护肠保胃，协助排毒降酸

秋葵是一种比较少见的蔬菜，由于它含有黏液状物质，所以有些人难以接受，其实这些黏液状物质是秋葵中很重要的营养成分——糖蛋白，它可以在消化道中形成保护层，减少肠胃壁受到酸的侵蚀，提升肠胃的排毒及降酸功能。

碱 示 点 2

水溶性膳食纤维　　增强排泄力，清血降脂

秋葵中丰富的水溶性膳食纤维果胶、半乳聚糖及阿拉伯胶，是整肠健胃的小帮手，能够帮助消化，促进肠道蠕动，避免便秘，减少酸性毒素积存体内，可以预防肠癌，还可以吸附油脂及胆酸，故可以降低血清中脂肪及胆固醇量，具有心血管保健功效。

碱 示 点 3

碱性矿物质元素　　平衡酸碱改造体质

秋葵中的钙、镁、钾等碱性矿物质含量丰富，钾能够维持血液和体内的酸碱平衡，以及体内水分的平衡和渗透压的稳定；钙、镁具有中和酸性物质的功效。在这些矿物质的共同作用下，身体可以保持酸碱平衡，变得更强健。

秋葵拌鲔鱼

材料
秋葵100克、豆芽30克、香菜少许、鲔鱼罐头1罐

调味料
黄芥末3小匙、少盐酱油2大匙、香油1小匙

做法
1.秋葵用滚水煮熟后捞出，切成直丝状；豆芽去头尾余烫后，用冰水冰镇备用。
2.鲔鱼肉捣散；香菜去叶将小梗切段备用。
3.黄芥末与少盐酱油混合拌匀成调味酱备用。
4.秋葵丝、豆芽、香菜梗及鲔鱼肉置盘，淋上调味酱拌匀后，最后淋上香油即可。

> **营养笔记**
> 秋葵独有的黏液成分，具有保护胃壁的作用；其含有水溶性膳食纤维，能帮助肠道排出有毒的酸性物质，能有效预防肠癌的发生。

番茄秋葵炒牛肉

材料
秋葵100克、牛肉丝80克、番茄1个、葱1根、姜1小块、葡萄籽油2大匙

调味料
A.盐1/2小匙、蚝油2小匙、糖1小匙、水50毫升
B.蛋液1/2大匙、盐1/2小匙、米酒1小匙、酱油1/2小匙、淀粉1/2大匙

做法
1.牛肉先用调味料B腌渍10分钟，备用。
2.在番茄底部划十字，用热水泡后，去皮备用；秋葵去蒂头，用滚水煮熟；葱切成段；姜切片备用。
3.热锅加油，将葱、姜炒香，倒入腌渍好的牛肉，用大火快炒至肉变色，捞出备用。
4.用锅底油将番茄、秋葵翻炒熟化后，再倒入已炒过的牛肉与调味料A翻炒。

> **营养笔记**
> 秋葵中的果胶、半乳聚糖能促进肠道蠕动，帮助排出毒素，还有降血压的功效。番茄的茄红素可以预防前列腺癌。

腐皮秋葵煲

材料

秋葵100克、粉丝30克、腐皮30克、虾米10克、蒜瓣3瓣、红辣椒1小根、葡萄籽油2大匙

调味料

高汤150毫升、干贝蚝油2大匙、盐少许

器具

砂锅

做法

1. 秋葵用滚水煮熟捞出；蒜瓣切成末；红辣椒去头剁碎备用。

2. 腐皮用温水泡软后，拧干水分；虾米洗净，沥干水分；粉丝用热水泡软，捞出沥干水分备用。

3. 烧热砂锅放入油，将蒜末及虾米爆香，放入调味料及腐皮、粉丝拌炒后，加入秋葵及碎辣椒拌炒均匀即可。

营养笔记

对大鱼大肉的嗜好者来说，秋葵中富含碱性矿物质钙、镁、钾元素，可以将身体调节成酸碱平衡的体质。

海藻类

常见食材：海带、裙带菜、紫菜、洋菜（琼脂、寒天）

主要营养成分：蛋白质、不饱和脂肪酸、膳食纤维、碘、钙、钾、镁、牛磺酸、海藻胶

专家提醒

海藻类是非常普遍的食材，但却很少出现在餐桌上，建议每周至少食用3～4次海藻类，以补充一般食材中少有的碘。

专家细选

以海带为例，建议选择有硬度的，将海带弯折，会有弹性，如果太软、表皮膜有剥落现象，说明不新鲜。海带闻起来有淡淡的海味，如果闻起来有刺鼻的化学药味，则要避免选购。

保存处理方式

1.建议用密封袋装好存放于4～6℃的冷藏室中。

2.料理前用清水冲洗干净。

重量（克）	蛋白质（克）	脂肪（克）	糖类（碳水化合物）（克）	膳食纤维（克）
100	0.7	0.2	3.3	3.0

（以海带为例）

碱 示 点 1

海藻胶质　　清酸排毒，减肥瘦身

海藻类含有丰富的胶状水溶性膳食纤维，在肠道内会吸水形成凝胶状，可吸附食物消化后产生的毒素、酸性物质及胆固醇，因此具有清酸、排毒、降血脂的功能。又因为海带胶质吸水可膨胀，能让人产生饱腹感，进而减少进食，所以想减肥瘦身的人可以多吃海藻类食物。

碱 示 点 2

碘含量丰富　　协助甲状腺素合成

海藻类含有丰富的碘，是人体中甲状腺素合成的元素之一，甲状腺素能够促进三大营养素蛋白质、脂肪、糖类的代谢，避免代谢异常而造成肥胖及相关的内分泌疾病发生。建议饮食计划中常有海藻类食物，因为含碘量丰富的天然食物并不多。

碱 示 点 3

牛磺酸　　提高肝功能，降低血压

牛磺酸是海藻类食物中的一种氨基酸成分，能够促进肝细胞再生及胆酸的合成，能间接降低血液中的胆固醇量。对于食盐摄取量超标所引发的高血压，牛磺酸能够通过抑制交感神经来调整血压，使其恢复正常。

海带肉丝

材料
海带100克、瘦肉丝50克、姜1小块、青葱2根、葡萄籽油2大匙

调味料
米酒1大匙、盐少许

做法
1.海带洗净切丝；青葱去根头切段；姜切丝备用。
2.热锅加油，放入葱段爆香后，再放肉丝翻炒至肉丝泛白色。
3.加入海带丝、姜丝和调味料，翻炒均匀即可盛盘。

> **营养笔记**
> 海带中的胶状物质具有保护肠壁及调整肠道的功能，可帮助肠道蠕动，促使宿便排出。一般干海带上会有一层白色物质，这是甘露醇，是一种可以利尿、消肿的营养素。

姜爆双芽

材料
海带芽100克、豆芽50克、嫩姜1小块、葡萄籽油2大匙

调味料
干贝XO酱2小匙、盐少许

做法
1.海带芽洗净、沥干水分；豆芽洗净、去头尾；嫩姜切丝备用。
2.热锅加油，放入海带芽及豆芽，拌炒后加入姜丝及调味料，翻炒均匀至熟，即可起锅盛盘。

> **营养笔记**
> 海带芽含有丰富的藻胶，能促进肠道中乳酸菌的繁殖，进而增加B族维生素的合成；有调整肠道的功效，可以促使有毒物质的排泄，提升身体的免疫力。豆芽含有丰富的维生素C，可以抗氧化，减少自由基的伤害。

双色海带饭

材料

海带结80克、猪肉100克、胡萝卜1根、白萝卜1根、姜1小块、青葱2根、葡萄籽油2大匙

调味料

高汤500毫升、蚝油2大匙、糖2小匙、米酒1大匙、盐少许

做法

1. 海带结洗净；胡萝卜、白萝卜去皮切块；青葱去根头切段；姜切片；猪肉切小块备用。

2. 热锅加油，爆香葱段、姜片后，加入调味料拌炒均匀。

3. 放入海带结、胡萝卜、白萝卜及猪肉，待汤煮滚改小火，再煮30分钟入味即可。

营养笔记

海带、胡萝卜、白萝卜富含多种物质，能纠正偏酸体质；丰富的膳食纤维能清肠排毒，增强肠道功能。

圆白菜

学名：甘蓝

主要营养成分：膳食纤维、维生素U、维生素C、钾、钙、萝卜硫素、异硫氰酸盐

专家提醒

圆白菜是一年四季常见的蔬菜之一，尤其在盛产季节价格很便宜，可以经常食用；想控制体重的人，建议将主食分量减少，增加此食材量，会有助于减重。

专家细选

建议选购外层叶片包裹较多、层层叶片较松，外层叶片呈翠绿色、有光泽的。避免选购叶片上有黄叶或虫蛀的，以及重量太重的，因为手感重的圆白菜不易炒软。

保存处理方式

1. 建议购买回家后，先放在阴凉通风处2~3天，让农药挥发后，再密封存放在4~6℃的冷藏室中。
2. 使用时要将外层的叶子扔掉，将内层的叶子剥下后，用流动的水至少冲洗3次，再用清水浸泡一会，以减少农药残留。

重量（克）	蛋白质（克）	脂肪（克）	糖类（碳水化合物）（克）	膳食纤维（克）
100	1.2	0.3	4.4	1.3

碱 示 点 1

维生素U　　强健肠胃，帮助新陈代谢

圆白菜是四季常见又便宜的蔬菜，其所含的维生素U，能够抑制胃酸分泌，有效治疗早期胃肠溃疡，并且还能修补受损的组织、增强肠胃功能、提升新陈代谢，帮助排出体内的毒素，是一种可以经常吃的食疗蔬菜。

碱 示 点 2

高纤维、低热量，丰富的矿物质　　有助于调酸塑体

圆白菜含有很丰富的粗纤维质，能够有效地整肠健胃、促进胃肠蠕动，加快毒素排出体外，并且可以产生饱腹感，有助于塑身、控制体重；其富含矿物质钙、钾，有调整体质酸碱平衡的功效。

碱 示 点 3

异硫氰酸盐类和萝卜硫素　　护肝解毒，具防癌功效

异硫氰酸盐类是圆白菜中含有的对人体特别重要的植物生化素，它能够诱发肝脏中解毒酶的活性，帮助肝脏将致癌物转化成低毒物质，并排出体外。萝卜硫素是一种强效的抗氧化剂，可以中和自由基，避免细胞DNA受到损伤，造成细胞癌变，因此，具有防癌功效。

枸杞圆白菜

材料
圆白菜1/3棵、枸杞15克、瘦肉丝30克、蒜瓣3瓣、葱1根、葡萄籽油2大匙

调味料
白胡椒粉少许、盐少许

做法
1. 圆白菜洗净、切成块状；枸杞子洗净；青葱去根头切段；蒜瓣切粒备用。
2. 热锅加油，爆香葱段、蒜粒后，再放入肉丝，翻炒至肉泛白时加入圆白菜、枸杞子。
3. 最后放入调味料，用大火翻炒均匀即可。

> **营养笔记**
> 圆白菜含维生素K、维生素U，具有抗溃疡的功效，可以增强消化系统的功能；丰富的钾、锰、钙元素，能纠正偏酸体质。枸杞子有明目护眼的保健功效。

圆白菜蛋饼

材料
圆白菜1/3棵、鸡蛋1个、胡萝卜1/3根、葡萄籽油2大匙

调味料
干贝XO酱1小匙、盐少许

做法
1. 圆白菜切丝；胡萝卜去皮切丝；鸡蛋打散，加入调味料搅拌均匀备用。
2. 热锅加油，倒入蛋液，再放入圆白菜丝和胡萝卜丝，用煎匙均匀压平，待底面微黄即翻面，煎至两面微黄即可。

> **营养笔记**
> 圆白菜含有植物生化素——萝卜硫素，具有强效的抗氧化功能，可避免细胞受到酸性毒素的破坏。鸡蛋中的卵磷脂是"血管清道夫"，可降低心血管疾病的发生。

圆白菜鸡肉沙拉

材料
圆白菜1/3棵、鸡胸肉70克、小番茄4颗、小黄瓜半根、紫苏梅7粒

调味料
酱油5大匙、水100毫升

器具
保鲜膜

做法
1. 圆白菜切丝，用冰水冰镇；小番茄对半切开；小黄瓜斜切片备用。
2. 鸡胸肉放入电炖锅中，外锅倒半碗水，蒸熟后放凉撕成丝备用。
3. 将酱油及水、紫苏梅煮开后，放凉过滤成紫苏酱备用。
4. 圆白菜丝捞出，沥干水分后，放入小番茄、小黄瓜与鸡肉丝，食用时淋上紫苏酱即可。

> **营养笔记**
> 圆白菜具有保护胃壁的功能。鸡肉中丰富的蛋白质可以用于修补受损的身体组织。小番茄与小黄瓜中的维生素C，能帮助伤口愈合。

豆腐类

常见食材：板豆腐、嫩豆腐、鸡
蛋豆腐、生豆包

主要营养成分：蛋白质、不饱和
脂肪酸、卵磷脂、
大豆异黄酮、维
生素E、钙、镁、铁

专家提醒

豆制品的食材种类相当多，一般以板豆腐、嫩豆腐、鸡蛋豆腐最为常见，它们的热量差不多，但千叶豆腐100克就有214大卡的热量，因此，在选择时需特别注意。

专家细选

因蛋白质含量高，所以易腐坏，建议选购超市里的知名品牌，并且以标示有无防腐剂、非转基因的为佳。

保存处理方式

1. 建议存放于4～6℃的冷藏室中，若闻起来有淡淡的酸味，说明已腐坏，切勿食用。
2. 在菜市场购买的无包装的豆腐，料理前要用清水冲洗干净。如果购买的是超市里卖的盒装豆腐，建议拆封前先将外盒洗净，取出后略微冲洗即可。

重量（克）	蛋白质（克）	脂肪（克）	糖类（碳水化合物）（克）	膳食纤维（克）
100	6.9	4.5	2.7	0.4

（以鸡蛋豆腐为例）

碱 示 点 1

植物肉　　提供丰富蛋白质来源

豆腐是黄豆加工后的食品，含有丰富的蛋白质，也是素食者最主要的蛋白质来源，它具有修补、建造组织，帮助生成身体酵素、激素、抗体等功能，对人体的健康维护非常重要。黄豆蛋白属于植物蛋白，不像肉制品里含有胆固醇，因此对心血管有保健功效。

碱 示 点 2

黄豆寡糖　　帮助有益菌繁殖，加速毒素排出

豆制品含有丰富的寡糖成分，在人体内不被胃酸及酵素分解，可以直接抵达大肠处，被肠道中的有益菌利用而产生乳酸，可以抑制有害菌的生长，维护肠道的健康，能提升肠道功能，促使肠道中有毒物质的排泄。

碱 示 点 3

大豆卵磷脂　　减脂，降胆固醇，疏通血管

卵磷脂是豆制品中的重要营养素之一。现代人的饮食，由于动物性脂肪与胆固醇的摄取量过高，加上自由基的过氧化破坏，造成氧化胆固醇沉积于血管壁上，易发生血管硬化、阻塞的现象。素有"血管清道夫"之称的卵磷脂，能够清除沉积在血管壁上的胆固醇、血脂，保持血管畅通。

葱烧豆腐

材料
鸡蛋豆腐1块、青葱2根、葡萄籽油3大匙

调味料
干贝蚝油2大匙、水150毫升、盐少许

做法
1.豆腐切成6块；青葱去根头、切段备用。
2.热锅加油，用小火先将葱段爆香后取出，再放入豆腐煎至两面焦黄。
3.加入调味料，放入葱段，再用中火，将酱汁收干一半即可盛盘。

> **营养笔记**
> 豆腐中的钙、镁、锌元素，具有调节体内酸碱平衡的功效；脂溶性维生素A、维生素E则有抗氧化功能，能降低自由基造成细胞癌化的可能性。

香椿焖豆包

材料
生豆包2块、香椿叶15克、蒜瓣3瓣、葡萄籽油2大匙

调味料
酱油1大匙、糖1小匙

做法
1.香椿洗净、沥干水分，切成末；蒜切成末备用。
2.将酱油与糖调匀，制成酱汁备用。
3.热锅加油，用小火将香椿末爆香炸酥后，捞出备用。
4.锅中再放入豆包煎至两面微黄后取出，切成条状盛盘，淋上调味料以及生蒜末、香椿酥即可。

> **营养笔记**
> 豆包富含异黄酮素，可以减少心血管疾病，还能调节自律神经失调。香椿能健脾开胃，丰富的维生素C能提高人体的免疫功能。

南瓜豆腐煲

材料

鸡蛋豆腐1块、南瓜1个（约150克）、娃娃菜3棵、蒜瓣2瓣、葡萄籽油3大匙、高汤200毫升

器具

砂锅1个、榨汁机

调味料

奶油块1小块、盐少许

做法

1. 豆腐切成6块，沥干水分；娃娃菜洗净、去头对切；蒜瓣切末备用。

2. 南瓜去皮切块放入电炖锅中，外锅加半碗水蒸熟，取出放凉备用。

3. 将蒸熟的南瓜放入榨汁机，加入高汤打成南瓜泥备用。

4. 热锅加油，放入豆腐煎至两面金黄取出。

5. 砂锅加热，放入奶油块及蒜末爆香，再加入南瓜泥和娃娃菜。

6. 最后放入豆腐用小火煮滚后，加少许盐轻拌均匀即可。

营养笔记

豆腐含有丰富的钙质，可以纠正酸性体质，也可以保护骨骼。南瓜富含水溶性膳食纤维，能吸附有害毒素，促进排便，预防癌变。

也许你现在已有"亚健康"的症状了，也尝试了许多有益健康的食物，但结果总是不那么令人满意，原因就在于"太丰富"的媒体讯息，让你的饮食计划顺序出了问题，因为媒体有时介绍一道"健康料理"，只是告诉观众，这道料理有益健康，对某方面疾病有卓越的效果。有些人看到这些资讯后，就开始每日只吃这道料理，结果并没有出现改善效果，反而让身体更加虚弱。所以，要想挽救虚弱的体质还是要注意饮食均衡。

本书对第一周调整胃肠功能的食材进行了综合分析，帮助你找出成功改善体质的关键点，这样你就知道如何设计菜单了。

高纤高能的主食

主食类（全谷根茎类）是我们一日当中最主要的能量来源，一般白米饭是我们主要的选择，但由于白米精制化，重要的营养成分在碾米过程中几乎流失殆尽，因此，最好选择纤维高、营养高、碳水化合物含量高的全谷根茎类食物，以提供我们一日活动所需的能量。另外，这些食物还可以帮助消化吸收，提高营养素的利用率。

低脂优蛋白的主菜

有人认为要调整体质，就要减少或不要进食含蛋白质的食物，因为蛋白质在代谢后会产生酸性物质。这种说法事实上是错误的，因为身体每日在进行新陈代谢及全身细胞再生时，都需要蛋白质的参与，所以，蛋白质是身体必需的营养素，选择优质的蛋白质是调整体质的关键点。

富含优质蛋白质的天然食物，一般所含的脂肪量也不低，所以第一周的黄金主菜食材中，我们建议选择低脂、优蛋白的食材，例如鳕鱼、鸡肉。

低卡高纤的半荤菜

一般"三菜（主菜、半荤菜、青菜）一主食"是餐桌上常见的饮食模式，半荤菜通常以半菜半肉食的料理呈现。膳食纤维是蔬菜中非常重要的营养成分，能有效地帮助肠道蠕动，提高食物中营养素的利用率。蔬菜与肉品搭配时，蔬菜中含有的某些脂溶性营养素，可以提高肉品中营养素的利用率。第一周的黄金食材，我们挑选了有"素肉"之称的毛豆及豆制品，用来提高蛋白质的摄取量。

蔬菜是餐桌上非常重要的食物，在一些机构的每日饮食指南中，建议每日至少要摄取3~4份青菜，才能维持健康。在本书中较少列出青菜的烹调食谱，原因是青菜类的烹调比较简单，最好是低油、低盐，这样能充分地保留青菜中的营养。

第一周菜单示范

以下是关于第一周饮食方式的建议，你可以根据自己的饮食习惯或生活作息来安排一日碱餐。如果你没有安排碱餐的餐次，我们建议你尽量摄取偏碱性的食物。

三餐设计：1周可以隔日安排一日碱餐

天数	第一天	第二天	第三天	第四天	第五天	第六天
早餐		燕麦鲜果 牛奶粥		糙米蔬菜粥		小米南瓜粥
午餐		三彩糙米饭 酱烧鳕鱼 腐皮秋葵煲 枸杞圆白菜		燕麦三宝饭 百合鸡肉片 干贝发菜毛 豆羹 当季蔬菜		燕麦珍珠丸子 毛豆虾仁 南瓜豆腐煲 当季蔬菜
晚餐		小米蒸饭 五味鸡柳 海带肉丝 当季蔬菜		小米锅巴 南洋毛豆干 番茄秋葵 炒牛肉 当季蔬菜		糙米菜饭 破布子蒸鳕鱼 香椿焖豆包 枸杞圆白菜

早/晚餐设计：如果你是上班族，无法做午餐，可以将碱餐安排在每日早、晚餐中。

天数	第一天	第二天	第三天	第四天	第五天	第六天
早餐	燕麦鲜果 牛奶粥		糙米蔬菜粥		小米南瓜粥	
晚餐	三彩糙米饭 酱烧鳕鱼 腐皮秋葵煲 枸杞圆白菜	燕麦三宝饭 百合鸡肉片 干贝发菜毛 豆羹 当季蔬菜	小米锅巴 南洋毛豆干 番茄秋葵炒 牛肉 当季蔬菜	糙米菜饭 破布子蒸 鳕鱼 香椿焖豆包 当季蔬菜	燕麦珍珠 丸子 毛豆虾仁 南瓜豆腐煲 当季蔬菜	小米蒸饭 五味鸡柳 海带肉丝 枸杞圆白 菜

※可以根据自己的生活状况和口味，利用本书所附的个人（家庭）专属的1周饮食表，设计打造碱性体质的饮食计划。

第二周提升抗氧化力
必吃的10种黄金食物

提升抗氧化力，减少酸性毒素的生成，
可以提振精神，恢复元气！

自由基对大多数人来说还是一个似懂非懂的名词，
但在医学界早已确认了它对健康的影响。
"自由基"，简而言之，就是让身体"氧化生锈"的物质。
人体器官如果"生锈"了，运转就会变得很吃力，
而出现亚健康的症状！自由基是从哪里来的？
它从我们自身新陈代谢的过程中产生，如果体内环境越糟糕，
自由基就越多。所以提升自身的抗氧化力，
是减少酸性毒素的唯一途径。

薏苡仁

别名：薏苡仁

主要营养成分：薏苡仁酯、薏苡仁素、膳食纤维、硒、钙、镁、B族维生素

1.薏苡仁脱去外壳，称为红薏苡仁（糙薏仁）；红薏苡仁脱去糠层后，称为薏苡仁（精白薏苡仁）。

2.市售称为小薏苡仁（洋薏苡仁）的食材，并非是真正的薏苡仁，它们是精制后的大麦仁（裸麦）。

3.薏苡仁对子宫肌有兴奋作用，会促使子宫收缩，容易导致流产，因此，孕妇在怀孕初期不宜食用。

专家细选

建议选择饱满，表面有光泽、大小完整的，如果摸起来粉粉的，闻起来有淡淡的霉味，说明已放置过久，应避免购买。

保存处理方式

1.建议密封存放于阴凉干燥处，避免受潮；如果需保存较久的时间，建议密封存放于冰箱冷藏。

2.烹煮前，建议用清水至少清洗3次，再浸泡至少1小时，以减少农药残留和方便煮熟。

重量（克）	蛋白质（克）	脂肪（克）	糖类（碳水化合物）（克）	膳食纤维（克）
100	12.8	3.3	69.1	5.5

碱 示 点 1

硒元素　抗氧化小尖兵，麸胱甘肽过氧化酶的辅酵素

人体在进行新陈代谢时会产生一些自由基，但我们体内会自制一些抗氧化酵素来中和这些自由基，使人体免于自由基的攻击，尽可能地避免疾病或癌症的发生。薏苡仁中的硒元素是人体抗氧化酵素——麸胱甘肽过氧化酶的辅酵素，能协助抗氧化酵素发挥功效。

碱 示 点 2

薏苡仁酯、薏苡仁素　增强免疫力，避免罹患癌症

薏苡仁中的薏苡仁酯，具有抗过敏与调节免疫力，帮助消化吸收和利尿的作用，可以促使毒素排出体外，预防癌症的发生；薏苡仁素能阻止和降低横纹肌的收缩，减轻关节僵直及肌肉痉挛造成的不舒服。

碱 示 点 3

木质素　降低血糖浓度，控制血糖

木质素是薏苡仁中含有的不溶性膳食纤维成分，在体内可以减缓葡萄糖与胆固醇的吸收，具有控制血糖与血脂的功效，还能形成凝胶，有延缓消化的作用，可以延长食物在胃部停留的时间，增加饱腹感。

薏苡仁四宝饭

材料
薏苡仁100克、胚芽米70克、小米30克、燕麦20克、水200毫升

做法
1.将薏苡仁、胚芽米、小米、燕麦清洗3次后，泡水1小时。
2.将水滤掉后，倒入电饭锅，加水煮熟即可。

营养笔记
用四种含有不同营养成分的全谷类搭配而成的主食，可以使营养更丰富，提供给身体更充足的能量，使精神舒畅愉悦。

松子罗勒薏苡仁饭

材料
薏苡仁120克、胚芽米100克、松子30克、罗勒20克、鸡高汤230毫升

调味料
盐少许

做法
1.罗勒洗净，滤干水分，切末备用。
2.将薏苡仁、胚芽米清洗3次，泡水1小时。
3.将水滤掉后，倒入电炖锅，加入鸡高汤、盐烹煮。
4.煮熟后，加入松子、罗勒末拌匀即可。

营养笔记
薏苡仁中的薏苡仁酯具有抗氧化的功效，能抵御自由基对身体的伤害。松子中的不饱和脂肪酸可以使皮肤细腻有光泽。

什锦薏苡仁粥

材料
薏苡仁120克、毛豆30克、干香菇15克、豆皮10克、虾皮10克、圆白菜1/4棵、胡萝卜1/4根、鸡高汤1200毫升、葡萄籽油2大匙

调味料
盐1小匙、胡椒粉少许

做法
1. 薏苡仁清洗3次，泡水1小时。
2. 干香菇用水泡开，压干水分后切丝；虾皮用水泡开，滤干水分；豆皮用水泡开软化后，切丝；圆白菜切丝；胡萝卜去皮切丁备用。
3. 热锅加油，放入香菇丝、虾皮，炒香后倒入鸡高汤、薏苡仁。
4. 煮滚后，改用小火煮约20分钟，再放入毛豆、圆白菜丝、胡萝卜丁、豆皮及调味料，煮至稠状即可。

营养笔记
这道粥品食材丰富，含有大量的膳食纤维及各种植物生化素，具有清肠、抗氧化的功效，能帮助身体将有毒酸性物质排出体外。

紫米

別名：黑糯米

主要营养成分：花青素、糖类、膳食纤维、B族维生素、维生素C、铁、钙、镁

专家提醒

紫米具有黏性，容易导致胃肠消化不良。建议胃肠不佳的人适量摄取，或煮得软烂后再吃。

专家细选

建议选择米粒完整、饱满者，避免购买米粒有很多断裂或杂质者。现在市面上的很多紫米是经染色处理过的，因此建议选择知名厂商生产的或有品牌的，品质相对有保障。

保存处理方式

1. 建议密封存放于阴凉干燥处，避免受潮。如果需保存较久的时间，建议密封存放于冰箱冷藏。
2. 紫米遇水就会释放花青素，为了避免营养流失，烹煮前建议用清水稍加冲洗即可。

重量（克）	蛋白质（克）	脂肪（克）	糖类（碳水化合物）（克）	膳食纤维（克）
100	10.9	3.6	70.1	2.8

碱 示 点 1

花青素　　增强抗氧化力，保持健康状况

自由基存在于我们的生活环境中，以及进食后的代谢化学反应中，是对人体健康具有严重威胁的恐怖分子，它会破坏我们的细胞结构，造成细胞癌变。花青素能够消除自由基，减少自由基造成的伤害，维持细胞的健康。

碱 示 点 2

维生素C、铁质　　预防贫血，强身健体

以前女性在坐月子时，会以紫米为主食。紫米含有丰富的铁质，很适合妇女产前及产后滋补身体用，有补血、暖身的功效，又因含有维生素C，可以促进铁质的吸收，故能预防贫血，帮助造血，是一种适合孕妇和产妇吃的补血食材。

碱 示 点 3

膳食纤维　　清洁肠道，预防大肠癌

近年来，大肠癌的发病率在中国呈逐年上升趋势，其中便秘是主要原因之一。废弃物不能顺畅排出体外，多积存一天，毒素就会增多，长久下来，肠道细胞就会出现问题。紫米中的膳食纤维具有清扫肠道的功能，能预防大肠癌的发生。

海南紫米饭

材料
紫米220克、鸡高汤200毫升

调味料
盐少许

做法
1.紫米清洗3次，滤掉水后倒入电饭锅中。
2.加入鸡高汤、盐煮熟即可。

营养笔记
紫米中呈深紫色的成分为天然花青素，是一种具有抗氧化作用的营养素，能延缓衰老，使身体的器官保持正常的机能。

紫米鸡丝拌饭

材料
紫米150克、鸡胸肉80克、虾皮15克、圆白菜1/4棵、胡萝卜1/4根、鸡高汤200毫升

调味料
盐少许、胡椒盐少许

做法
1.虾皮泡水、挤干水分；圆白菜、胡萝卜切丝备用。
2.鸡胸肉抹上少许胡椒盐，放入电炖锅中（外锅加入半碗水），蒸熟后，放凉撕成丝备用。
3.紫米清洗3次，过滤水后倒入电饭锅中，加入鸡高汤、圆白菜丝、胡萝卜丝、虾皮及少许盐，煮熟后，加入鸡丝，拌匀即可。

营养笔记
紫米与鸡丝搭配，氨基酸含量丰富，有助于人体组织的修护；圆白菜及胡萝卜中的维生素C，有助于胶原蛋白的合成，可以延缓肌肤老化。

桂圆红豆紫米粥

材料
紫米100克、胚芽米70克、红豆50克、桂圆肉30克、水1500毫升

调味料
黑糖2大匙

做法
1. 紫米、胚芽米、红豆清洗3次，滤掉水后倒入不锈钢锅中加水。
2. 煮滚后再改小火续煮。
3. 直至红豆变软、有稠状感时，加入桂圆及黑糖搅拌均匀即可。

营养笔记
紫米、红豆含有丰富的铁质，有助于缺铁性贫血的人补血，还能强化体内抗氧化酵素的活性；桂圆中的维生素C，有助于铁质的吸收，三者搭配有相互加乘的效果。

山药

别名：淮山

主要营养成分：黏质多糖、薯蓣皂苷、维生素C、铁、钙、镁、锌

专家提醒

建议糖尿病及想控制体重的人，可以将山药当成主食，对于血糖及体重控制非常有帮助。

专家细选

建议选择完整的、有分量的山药，表皮上有腐坏的凹洞者不要选购。

保存处理方式

1. 购买的整根山药可放于阴凉通风处保存。山药切开后，切面接触空气易氧化，因此，建议每次只取单次的使用量。切开后的山药，建议密封冷藏于冰箱中。

2. 山药含有黏液，处理时建议边冲水边去皮，去皮后泡在柠檬水或加醋的清水中，可减缓氧化的速度。

重量（克）	蛋白质（克）	脂肪（克）	糖类（碳水化合物）（克）	膳食纤维（克）
100	1.9	2.2	12.8	1.0

碱 示 点 1

黏质多糖　　抗氧化 调节免疫活性

山药块茎肉质的黏性，主要是来自于本身的黏质多糖，由碳水化合物与甘露糖、阿拉伯胶糖、葡萄糖、半乳糖、木糖等组成，具有抗氧化的功效，可以协助肝脏解毒。

碱 示 点 2

薯蓣皂苷　　改善更年期症状，预防骨质疏松症

山药中含有类似雌激素结构的薯蓣皂苷，可以改善更年期的不适症状，因此，建议处于停经期的妇女，可多吃一点山药。研究发现，薯蓣皂苷还有改善骨质强度与密度的功能，所以山药也是一种骨骼保健食材。

碱 示 点 3

低热量、高营养主食　　控制血糖

山药是一种可以当主食的根茎类食物，以同样100克分量的米饭与山药相比，山药的碳水化合物含量只有米饭的一半，热量只有米饭的40％，食用后同样能产生饱腹感，故对于需要控制饮食热量的糖尿病患者来说，是不错的主食选择。

日式山药饭

材料
胚芽米80克、大米150克、柴鱼片10克、熟黑芝麻5克、熟鲑鱼肉50克、山药1/3根、水230毫升

调味料
和风酱油1大匙

做法
1. 山药去皮、切丁备用；胚芽米清洗3次后，泡水1小时，大米清洗3次，泡水30分钟备用。
2. 柴鱼片放入烤箱（上火80℃，下火60℃），烤约5分钟取出备用。
3. 将胚芽米、大米、山药丁倒入电炖锅中加水煮熟。
4. 食用时，加入鲑鱼肉、和风酱油拌匀，最后撒上黑芝麻及柴鱼片即可。

营养笔记
山药除了能提供能量来源外，其所含的黏质多糖有抗氧化的功效；鲑鱼中的EPA、DHA有预防心血管疾病的功效。

枸杞山药粥

材料
山药1/2根、大米120克、枸杞子10克、水1000毫升

做法
1. 山药去皮、切丁；大米清洗3次，泡水30分钟；枸杞子洗净备用。
2. 大米倒入不锈钢锅中加水煮滚，放入山药丁、枸杞子。
3. 用小火煮至有稠状感即可。

营养笔记
山药是可以作为主食的一种食材，能提供人体一日所需的热量；枸杞子有抗氧化及明目护眼的功效。这道粥品易消化、好吸收。

鲜蔬山药炖饭

材料

牛蒡1/4根、大米180克、西芹1根、山药1/3根、圆白菜1/3棵、胡萝卜1/4颗、鸡高汤230毫升

调味料

盐少许

做法

1. 山药去皮、切丁；西芹切丁；圆白菜切丝；胡萝卜、牛蒡去皮、切丝备用。

2. 大米清洗3次，泡水30分钟备用。

3. 将大米倒入电炖锅中，加入鸡高汤、西芹丁、山药丁、圆白菜丝、胡萝卜丝、牛蒡丝。

4. 待煮熟后，加少许盐拌匀即可。

营养笔记

圆白菜、胡萝卜、牛蒡及西芹中都含有抗氧化的植物生化素，与大米、山药这些主食搭配，可以增加这道料理的营养。

海参

别名：海瓜

主要营养成分：胶原蛋白、海参皂苷、黏多糖类、钒、钙、镁、锌、碘、维生素E

专家提醒

海参是一种在餐桌上很少看到的食材，而且有的人不喜欢它的口感，但海参的营养丰富，是值得尝试的，你可以照着本书提供的食谱来料理，一定会发现它很美味。

专家细选

市面上的海参，有干货和已发泡好的两种，如果是购买干货，通常店家已分好等级，建议挑选完整、较硬、肉较厚的。选择已发好的海参时，建议挑选完整、弹性佳者。如果摸起来软软的、黏糊的，表示发太久了；如果太硬的话，则有可能用化学药剂泡过，应避免购买。

保存处理方式

1. 干海参的发泡方式：手一定要洗净，切勿接触油、盐。先用滚水泡软后，再换温水浸泡至微胀大后，再换冰水浸泡，之后换温水浸泡到凉，再换冰水泡，以这种反复发泡的方式泡至完全发好，没有硬心，一般至少要三天。

2. 购买已发好的海参时，如果内脏尚未去除，要先处理干净后，再密封存放于冰箱冷藏室中，烹煮前清洗干净即可。

重量（克）	蛋白质（克）	脂肪（克）	糖类（碳水化合物）（克）	膳食纤维（克）
100	16.5	0.2	–	–

营 养 点 1

黏多糖类　　提高免疫机能，预防动脉硬化

海参摸起来有黏黏的感觉，因为海参的体壁上含有黏多糖类，它可以提高人体的免疫能力，抑制癌细胞的生长和转移，还能有效地降低血液黏度，降低血清胆固醇，有预防动脉硬化的功效。

营 养 点 2

海参皂苷　　有抗菌防癌功效

海参中含有结构类似皂苷的成分，皂苷主要存在植物体内，例如大豆中，目前在动物中只有海参与海星体内被发现含有皂苷成分。海参皂苷具有抗菌的作用，还能够抗肿瘤、抗癌和抗疲劳。

营 养 点 3

胶原蛋白　　强化肌肤的保水力，保护关节

胶原蛋白是市面上一直很热门的营养保健食品，它具有高效保湿效果，能强化肌肤的保水力。海参的体壁中含有丰富的天然胶原蛋白，除了能够修复老化的肌肤，还能有效延缓退化性关节炎，因为人体的关节处也含有胶原蛋白。

葱烧海参

材料
海参3只、青葱3根、姜1小块、鸡高汤300毫升、葡萄籽油2大匙

调味料
干贝蚝油4大匙

做法
1. 海参对切，清除内脏洗净；青葱去根头、切段；姜切成片备用。
2. 热锅加油，爆香葱段、姜片，再倒入高汤及干贝蚝油拌匀。
3. 放入海参，烧煮至汤汁剩1/3时，即可起锅盛盘。

营养笔记
海参具有低脂、低胆固醇、高蛋白质的特性，对现代人而言，是非常适合作为主菜的食材，可以减少"三高"代谢性疾病的发生。

上汤炖海参

材料
金华火腿20克、鸡腿肉80克、猪瘦肉50克、海参2只、葱1根、姜1小块、鸡高汤350毫升

调味料
盐少许、绍兴酒少许

做法
1. 金华火腿洗净、切片；海参对切，清除内脏后洗净；青葱去根头、切段；姜切片备用。
2. 鸡腿肉切块，洗净氽烫；猪瘦肉洗净、氽烫。
3. 将所有食材及鸡高汤、葱段、姜片与调味料放入电炖锅中（外锅倒1碗水），炖熟即可。

营养笔记
这是一道营养丰富的主菜料理，内含优质蛋白质，可以修护身体的组织，以及提高细胞的再生能力；其所含的B族维生素可提振精神。

海参酿白玉

材料
海参3只、旗鱼浆180克、荸荠3颗、香菜少许、高汤250毫升

调味料
A.干贝蚝油2大匙、淀粉水1大匙
B.白胡椒粉少许、盐少许

做法
1.海参对切，清除内脏后洗净；荸荠去皮剁碎；香菜洗净。
2.鱼浆与荸荠、调味料B混合搅拌均匀后，塞满海参的凹处。
3.放入电炖锅（外锅倒入半碗水）蒸熟取出置盘。
4.另取一锅，倒入高汤及干贝蚝油煮滚后，倒入淀粉水勾芡，煮滚后将酱汁淋在海参上，最后放上香菜即可。

营养笔记

海参含丰富的黏多糖类，可以增强肠道的功能，还可以提升人体的免疫机能；荸荠富含维生素C，是抗氧化的"小尖兵"。

台湾鲷

别名：吴郭鱼

主要营养成分：类胡萝卜素、蛋白质、脂肪、多元不饱和脂肪酸、维生素E、钙、镁、锌、铜

专家提醒

台湾鲷鱼价格便宜，而且低脂、高蛋白，适合用来做主菜，建议经常食用。

专家细选

现在市面上多为切片处理过的鲷鱼片，建议选购纹路较为鲜明的，肉质为红色且质较厚的，这样的鱼肉口感好，而且烹煮时不容易煮散。

保存处理方式

1. 购买后当天料理的话，密封存放于冰箱冷藏即可。如果当天不吃，则建议用密封袋装好存放冷冻库中；解冻时可先放在冷藏层退冰，或连同密封袋浸泡于常温水中解冻。

2. 料理时，洗净后建议擦干鱼身表面的水分，以避免油爆；下锅前再抹上少许的盐，以保持肉质鲜美。

重量（克）	蛋白质（克）	脂肪（克）	糖类（碳水化合物）（克）	膳食纤维（克）
100	18.8	7.0	–	–

营养点 1

类胡萝卜素　　抗氧化、维护身体健康

随着人体的老化，身体器官的功能会渐渐退化，如果再受到环境污染与饮食不当的影响，就会产生很多自由基，对身体造成伤害，导致老化加速，疾病如影随形。因此，抗氧化显得非常重要。台湾鲷肉色显红的部分，其主要成分是类胡萝卜素，具有强效抗氧化的功能。

营养点 2

DHA、EPA　　强化记忆与学习能力，预防血栓

台湾鲷含有不饱和脂肪酸EPA和DHA，可以预防血栓的发生，能改善血压、降低血脂，而且有抑制癌细胞生长的功效。DHA是大脑神经细胞的重要成分，有助于强化学习与记忆能力。

营养点 3

优质蛋白质　　提升免疫机能

台湾鲷的蛋白质含量丰富，属于完全蛋白质，而且因鱼肉细致，易消化吸收，故被世界粮食组织视为最重要的蛋白质来源。完全蛋白质是构成白细胞及抗体的主要成分，有助于完善身体的免疫机制。

牛蒡鲷鱼

材料
鲷鱼片1块、牛蒡1/2根、姜1小块、葡萄籽油2大匙

调味料
A.盐少许
B.蚝油1大匙、酒1/2大匙、水3大匙
C.酱汁

做法
1.鲷鱼片洗净，拭干水分，抹上少许盐；牛蒡去皮、切丝；姜切丝备用。
2.热锅加油，放入鲷鱼片，煎至两面焦黄，取出置盘中。
3.利用锅底油，放入牛蒡丝、姜丝及调味料B翻炒至熟后，将牛蒡丝、姜丝置于鱼片两侧，最后淋上少许酱汁在鱼片上即可。

营养笔记
台湾鲷肉质细嫩，易消化吸收，并含有不饱和脂肪酸DHA，能增强脑细胞的活力；牛蒡中的多酚类物质可以降低自由基对细胞的破坏。

五味鲜鱼片

材料
鲷鱼片1块、青葱1根、姜1小块、水1000毫升

调味料
葱末1大匙、姜末1大匙、蒜末1大匙、番茄酱2大匙、砂糖1大匙、酱油膏1大匙，混合搅拌均匀，制成五味酱备用

做法
1.鲷鱼片洗净、切成小块；青葱去根头、洗净切段；姜切片备用。
2.锅中加水1000毫升，放入葱段、姜片，待水煮滚放入鲷鱼片。
3.再滚起即熄火，上盖焖煮约3分钟，即可捞出盛盘。
4.食用时蘸五味酱即可。

营养笔记
台湾鲷的肉质呈现红色，是因为内含天然的抗氧化色素——虾青素，这种营养素可以抵御活性氧对细胞的攻击，避免细胞癌变。

彩椒烧鲷鱼

材料

鲷鱼片1块、黄椒1/4个、红椒1/4个、青椒1/4个、姜1小块、青葱2根、蒜瓣3瓣、高汤150毫升、葡萄籽油2大匙

调味料

蚝油2大匙、盐少许

做法

1. 鲷鱼片洗净、切成小块；黄椒、红椒、青椒去籽切成小方块；青葱去根头、洗净切段；姜、蒜切末备用。

2. 热锅加油，爆香葱、姜、蒜，再放入青椒、红椒、黄椒翻炒数次。

3. 倒入高汤及调味料，待汤汁煮滚后，放入鲷鱼片，烧至汤汁剩一半即可起锅。

营养笔记

台湾鲷所含有的不饱和脂肪酸，可以提高人体对彩椒中具有抗氧化功效的茄红素、叶黄素及β-胡萝卜素的吸收率。

猪肉

古名: 豚肉

主要营养成分: 蛋白质、脂肪、B族维生素、维生素 E、钙、镁、锌、铁

专家提醒

1. 猪肉的每个部位营养成分略有不同，可以根据需求选择不同的部位来料理，尽量多样化。
2. 从均衡饮食的原则来说，摄取猪肉是有必要的，但不要食用过多，以免造成胆固醇及油脂摄取过高。

专家细选

建议选购肉质按下去有弹性，肉的颜色为暗红色，闻起来没有腥臭味，脂肪处为白色者。如果肉质颜色太深，有腥臭味，脂肪处呈红色或略发黄，说明已不新鲜了，要避免购买。

保存处理方式

1. 如果购买的当天就吃的话，密封存放于冰箱冷藏即可。如果不是当天吃，则建议分成小分量，用密封袋装好存放于冷冻库中，避免退冰后再回冰，以免变质与影响口感。
2. 解冻时，可先放在冰箱的冷藏层退冰，或连同密封袋浸泡于常温水中解冻，烹煮前清洗干净即可。

重量（克）	蛋白质（克）	脂肪（克）	糖类（碳水化合物）（克）	膳食纤维（克）
100	22.2	10.2	－	－

（以猪里脊标示）

营 养 点 1

必需氨基酸 　帮助生长发育，强健肌肉

猪肉是我们餐桌上常见的主菜食材，含有丰富的蛋白质，且由必需氨基酸组成，易被人体吸收利用，有利于生长发育和强健肌肉。必需氨基酸同时也是胶原蛋白合成过程中不可缺少的原料，是维持肌肤弹性不能缺少的养分。

营 养 点 2

丰富的维生素B_1 　抗疲劳，提振精神

猪肉含丰富的维生素B_1，是体内淀粉与糖类食物转换成能量的过程中，非常重要的营养素，一旦缺乏B族维生素，容易产生疲倦、情绪不稳、发怒、食欲缺乏，以及体重减轻等现象。

营 养 点 3

血基质铁 　提高铁质的吸收，预防贫血

铁质是参与造血过程的一种重要的营养成分，缺乏铁质会产生贫血的问题。食物中的铁质，通常以"血基质铁"与"非血基质铁"存在，而"血基质铁"的吸收率比"非血基质铁"高，猪肉中的铁质是"血基质铁"，故铁质的吸收率较高。

烤松板肉

材料
猪松板肉1块、青蒜苗1根

调味料
盐少许、胡椒盐2小匙

做法
1. 松板肉洗净后，用纸巾擦干水，两面涂抹上少许盐；青蒜苗洗净，去头斜切备用。
2. 烤箱（上火200℃、下火180℃）预热一会儿，将松板肉放进烤箱。
3. 烤熟后取出，斜切薄片置盘，并将胡椒盐、青蒜片置于盘旁，搭配食用。

营养笔记
猪肉含丰富的优质蛋白质，以及能帮助蛋白质代谢利用的维生素B₁。这道料理的烹调方式较为健康，使猪肉中的油脂含量降低了许多。

东北白肉

材料
五花肉片250克、酸白菜300克、姜1小块、蒜瓣3瓣、高汤300毫升、葡萄籽油2大匙

调味料
胡椒粉1小匙、盐少许

做法
1. 五花肉片洗净；酸白菜洗净、切半；姜切片；蒜切末备用。
2. 热锅加油，爆香姜、蒜末，放入酸白菜翻炒均匀。
3. 加入高汤，待汤煮滚后，加入调味料及肉片煮熟即可。

营养笔记
酸白菜是经过发酵的蔬菜，内含丰富的有机酸，有助于五花肉的消化、吸收。酸白菜还可中和五花肉的油腻感。

红曲烧子排

材料

猪小排300克、姜1小块、青葱2根、马铃薯1个、水900毫升、葡萄籽油2大匙

调味料

干贝蚝油3大匙、红曲酱2大匙

做法

1. 猪小排洗净、沥干水分；姜切片；青葱去根头、切段；马铃薯去皮、切块备用。
2. 热锅加油，爆香姜、葱，再加入猪小排翻炒至肉泛白。
3. 加入水及调味料，煮约20分钟后，放入马铃薯再煮约20分钟即可。

营养笔记

猪小排搭配红曲，除了可增加口感及味道外，还具有降低胆固醇的功效。

魔芋

古名：妖芋

主要营养成分：膳食纤维、B族维生素、维生素E、钙、镁、锌、铁

专家提醒

魔芋是一种低热量的食材，进行体重管理的人，可以用来作为减重食品，但切勿当成主食，以免造成营养失调。

专家细选

现在市面上现成的魔芋丝或块，大多是合成的，不纯，建议购买粉回来自己做成丝或块。

保存处理方式

1. 如果购买魔芋粉回来自行制作的话，由于各个品牌的水和粉的调配比例不尽相同，购买时请询问店家，或按照包装上的标示来操作。先将魔芋粉加水倒入模具，如方形盒，拌匀后蒸熟，置凉成形，倒出即可切块或切片、切丝。

2. 如果购买的是现成的魔芋块或丝，建议用密封袋包装存放于冰箱的冷藏室中，切勿冷冻。

重量（克）	蛋白质（克）	脂肪（克）	糖类（碳水化合物）（克）	膳食纤维（克）
100	0.1	0.1	4.6	4.4

碱 示 点 1

水溶性膳食纤维　　协助体重管理，是胃肠道的清道夫

魔芋含有丰富的水溶性膳食纤维，所以当魔芋与水结合时，就会膨胀，形成凝胶状，因此，吃进魔芋后会有饱实感，可以减少进食的意愿，对进行体重管理的人，有很大的帮助。而且，魔芋中的膳食纤维可以帮助肠道蠕动，使食物消化顺畅。

碱 示 点 2

葡甘露聚糖　　降低胆固醇吸收，预防心血管疾病

魔芋中所含的多糖体，是葡萄糖与甘露糖结合而成的葡甘露聚糖，跟含有胆固醇的食物一起食用后，在肠道中会吸附胆酸，使胆固醇无法被乳化而进行消化吸收，因此，能有效地降低胆固醇，对于有"三高"症状的人来说，是非常好的食材。

碱 示 点 3

低卡高纤　　血糖控制好帮手

魔芋是低卡、高纤的食材，不仅不会造成血糖上升，而且还具有延缓血糖吸收，降低餐后血糖及胰岛素上升的功效，是一种适合糖尿病患者经常食用的食材。

魔芋蔬果沙拉

材料
魔芋1块、苹果1个、小番茄4颗、苜宿芽20克、小豆苗5克

调味料
酸奶150克、蜂蜜2大匙

做法
1. 将酸奶、蜂蜜混合拌匀，制成酸奶酱备用。
2. 魔芋用冷开水洗净，切成丁状；苹果去皮，切成丁状；苜宿芽用冷开水洗净，沥干水分；小豆苗用冷开水洗净；小番茄洗净备用。
3. 将以上蔬果盛盘后淋上酸奶酱即可。

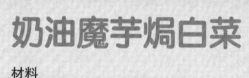

营养笔记
魔芋含有丰富的膳食纤维，可促进肠道毒素的排出；苹果、小番茄中的多酚类及茄红素，可以提升人体的抗氧化力，减少自由基对人体的伤害。

奶油魔芋焗白菜

材料
魔芋半块、大白菜120克、奶油30克、干贝2粒、蒜瓣2瓣、高汤150毫升、葡萄籽油1大匙

调味料
盐少许、奶酪丝50克

做法
1. 魔芋用冷开水洗净、切块；大白菜洗净、切段；干贝泡水软化后，撕成丝；蒜切末备用。
2. 热锅加油与奶油，用小火爆香蒜末，再放入大白菜炒到软。
3. 加入高汤、干贝、魔芋与盐，待汤煮滚，熄火盛盘。
4. 放入奶酪丝，放入烤箱（上火180℃），焗烤至焦黄即可。

营养笔记
魔芋能够帮助肠道排出代谢产生的毒素；大白菜中的异硫氰酸盐有抗氧化的功效，能减少肝脏的解毒压力，对护肝有帮助。

魔芋烩野蔬

材料

魔芋丝100克、猪瘦肉片50克、山药1/3条、西芹1根、胡萝卜1/3根、甜椒半个、姜1小块、高汤150毫升、淀粉水2大匙、葡萄籽油2大匙

调味料

A.蚝油2大匙、盐2大匙、香油1小匙

B.五香粉少许、盐少许、胡椒粉少许、淀粉1大匙

做法

1.魔芋丝用冷开水洗净；山药、胡萝卜去皮，切片；姜切片；西芹切块；甜椒去籽切块。

2.猪瘦肉片用调味料B腌渍10分钟后，用热水烫至肉泛白，捞出备用。

3.热锅加油，放入姜片、山药片、胡萝卜、西芹、甜椒翻炒均匀。

4.加入蚝油、盐及高汤，待高汤滚开后，放进魔芋丝、瘦肉片。

5.待再滚时，倒入少许淀粉水勾芡，起锅前再淋上香油。

营养笔记

此道料理具有令人食指大动的色感诱惑，植物性营养素丰富，有β-胡萝卜素、茄红素、花青素，能提升身体的抗氧化力。

番茄

别名：西红柿

主要营养成分：茄红素、β-胡萝卜素、槲皮素、果胶、维生素A、维生素C、钾、镁、铬

专家提醒

番茄中的茄红素是脂溶性的植物生化素，所以，建议用油来烹调，这样能摄取到较多的茄红素。

专家细选

料理多用牛番茄，建议选择果形较丰圆、蒂头完整、颜色鲜亮、有光泽、表皮无黑点、皱纹或破裂的，颜色越红的，表示茄红素越多。

保存处理方式

建议蒂朝下，放置于室内阴凉干燥处，可防止蒂头接触空气后，水分蒸发流失。如需长时间存放，建议密封存放于冰箱的冷藏室中。

重量（克）	蛋白质（克）	脂肪（克）	糖类（碳水化合物）（克）	膳食纤维（克）
100	0.9	0.2	5.5	1.6

碱 示 点 1

茄红素　　抗氧化，维持前列腺的健康

茄红素是使番茄一炮而红的重要营养植物生化素，也是重要的抗氧化剂，可以防止坏胆固醇遭受自由基攻击而氧化，沉积于血管壁上而出现血栓的问题；对前列腺问题的改善也有帮助，据临床报告显示，可改善频尿以及排尿困难等问题。

碱 示 点 2

丰富抗氧化植物生化素　　预防胰腺癌的发生

胰腺癌是早期很难发现的疾病，当癌细胞被发现时，可能已经扩散至淋巴结、肺脏或肝脏等处。据研究发现，番茄中含有的抗氧化植物生化素——茄红素、β–胡萝卜素、槲皮素、维生素C，对于降低胰腺癌的发生，具有预防功效。

碱 示 点 3

铬元素　　帮助胰岛素作用

铬是人体中所需的微量元素，它是葡萄糖耐受因子的组成成分之一，能协助胰岛素发挥作用，促进糖类、脂肪的正常代谢。人体缺乏铬元素时，会导致血糖失控。番茄中含有铬，建议经常食用。

意式番茄肉酱

材料
牛番茄2颗、猪绞肉150克、番茄糊3大匙、蒜瓣3瓣、高汤200毫升、葡萄籽油1大匙、奶油10克

调味料
糖少许、盐少许、奶酪粉

做法
1. 番茄洗净，底部用刀划十字形，用热水泡过后，剥皮切块；蒜切末备用。
2. 热锅加油及奶油，爆香蒜末，倒入绞肉，翻炒至肉泛白。
3. 放入番茄块翻炒后，加入高汤及番茄糊、盐、糖。
4. 再煮约10分钟起锅盛盘，撒上奶酪粉即可。

营养笔记

这道番茄料理采用意式烹调方式，除了可以提升茄红素的吸收利用外，其料理形式具有多样性，搭配米饭或面食，就可变成一道主食。

焗烤番茄

材料
牛番茄2颗

调味料
奶酪粉2大匙、盐少许

做法
1. 番茄洗净，将蒂头切除，上面撒少许盐，再涂上奶酪粉。
2. 放入烤箱（上火180℃、下火120℃），烤约10分钟即可。

营养笔记

用焗烤方式烹调番茄，再搭配奶酪，可使茄红素的释出量增加。奶酪中的钙质有助于骨骼保健。

番茄炒三鲜

材料

牛番茄2颗、蛤蜊8粒、新鲜干贝4粒，软丝（一种海鲜）1根、青葱1根、蒜瓣3瓣、葡萄籽油1大匙、奶油1小块

调味料

糖少许、盐少许

做法

1.番茄洗净，切块；蛤蜊、鲜贝洗净；软丝清除内脏，洗净，切成圈状；青葱去根头，洗净切段；蒜切末备用。

2.热锅加油及奶油，爆香葱、蒜后，加入番茄、蛤蜊、鲜贝、软丝及调味料，用大火快炒，煮熟后即可起锅盛盘。

营养笔记

番茄含有丰富的抗氧化植物生化素——茄红素和胡萝卜素，可以增强身体内的抗氧化力，与富含优质蛋白的三鲜搭配，有助于胶原蛋白的形成。

牛蒡

别名：恶实

主要营养成分：绿原酸、菊糖、类黄酮素、牛蒡苷元、膳食纤维、维生素C、钙、镁、锌

专家提醒

1.削完皮的牛蒡，易氧化变黑，所以，应尽快食用完毕。
2.牛蒡中的纤维质较粗，所以，胃肠较弱的人，要适量食用。

专家细选

建议选购有重量感、实心的，表皮颜色呈淡褐色、无须根、直径1.5～3厘米的，这样的牛蒡口感较好。牛蒡切除面的肉质无皱纹，说明比较新鲜。

保存处理方式

1.牛蒡水分流失后，就会出现越来越硬的木质化现象。牛蒡的肉质易氧化，建议购买回来后，按每次使用的量切分好，用密封袋装好存放于冰箱的冷藏室中。
2.料理前，将表皮洗净后擦干，去皮切片或切丝后，可先泡在柠檬水中，避免氧化。

重量（克）	蛋白质（克）	脂肪（克）	糖类（碳水化合物）（克）	膳食纤维（克）
100	2.5	0.7	21.8	6.7

碱 示 点 1

绿原酸　抗氧化，防癌植物生化素

绿原酸是多酚类的一种，具有很强的抗氧化力，能有效地清除自由基，避免自由基对细胞造成伤害，维持细胞的完整；绿原酸可增强肝脏解毒系统的活性，使致癌物质迅速被转化成易排出的形态，减少对身体的伤害。

碱 示 点 2

菊糖　促进有益菌繁殖，维护肠道功能

牛蒡中含有丰富的寡糖类——菊糖，它在人体内无法被分解代谢，但却对肠道中的有益菌很有帮助，可以增加有益菌的数量，改变肠道中菌群的平衡，提高肠道的功能，减少便秘的发生，并能有效地清除宿便。

碱 示 点 3

牛蒡苷元　钾离子,稳定血压

牛蒡中特有的牛蒡苷植物生化素，具有广泛的药理功能，能够扩张血管，降低血压，以及强效地抗发炎、增强免疫力。钾离子含量丰富的牛蒡，还具有利尿、清热，维持血压平稳的效果。

牛蒡炒肉丝

材料
牛蒡80克、猪肉丝50克、姜1小块、葡萄籽油2大匙

调味料
酱油1/2大匙、熟白芝麻1小匙

做法
1. 牛蒡洗净，去皮切丝；姜切片备用。
2. 热锅加油，放入姜片及肉丝，炒至肉泛白，再放入牛蒡丝、酱油，炒熟起锅盛盘。
3. 最后撒上白芝麻即可。

> **营养笔记**
> 牛蒡中丰富的菊糖在人体内不会被吸收，但有助于肠道中的有益菌生长，并有润肠通便的功效，对蛋白质的吸收也有帮助。

香酥牛蒡片

材料
牛蒡200克、葡萄籽油600毫升

调味料
胡椒盐2小匙、海苔碎片1大匙

做法
1. 牛蒡洗净、去皮后用刨刀刨成片状备用。
2. 热锅加油烧至约120℃，放入牛蒡片炸至酥脆。
3. 将牛蒡片捞出，沥干油，撒上调味料即可。

> **营养笔记**
> 牛蒡中的绿原酸植物生化素是强效的抗氧化营养素，除了具有中和自由基和抗脂质过氧化的作用，还有保肝利胆的功效。

牛蒡排骨

材料

牛蒡50克、猪小排300克、白萝卜1/3条、胡萝卜1/3条、姜1小块、葱2根、葡萄籽油2大匙、水800毫升

调味料

酱油5大匙、糖1大匙、胡椒粒2小匙

做法

1. 牛蒡洗净，去皮切片；猪小排洗净，擦干水；胡萝卜、白萝卜去皮，切块；姜切片；葱切段备用。

2. 热锅加油，爆香葱、姜，再放入猪小排翻炒至肉泛白。

3. 放入水及牛蒡片、胡萝卜、白萝卜与调味料翻炒均匀后，用小火炖煮约40分钟即可。

营养笔记

多酚类是牛蒡中重要的抗氧化营养素，能减少酸性毒素的产生，有预防肿瘤的功效。

西蓝花

别名：绿色花椰菜

主要营养成分：萝卜硫素、异硫氰酸盐、叶黄素、槲皮素、膳食纤维、维生素A、维生素K、叶酸、钙、镁、铁、锌

专家提醒

白色花椰菜与西蓝花同属于十字花科的蔬菜，其营养素种类相差不大，但西蓝花的β-胡萝卜素含量比白色花椰菜高，建议两种食材可以搭配料理。

专家细选

建议选购有重量感，花蕾要密实、呈鲜绿色，表面无焦黄，茎短，且底部茎肉呈淡绿色带白色，无氧化变黑现象的。

保存处理方式

先将花蕾部分摘下，用刨刀将茎皮去除，然后至少冲水3次，浸泡3次。料理前，建议汆烫一下，以减少农药残留。

重量（克）	蛋白质（克）	脂肪（克）	糖类（碳水化合物）（克）	膳食纤维（克）
100	4.3	0.2	4.6	2.7

碱 示 点 1

萝卜硫素　　抗氧化，维持肌肤健康

西蓝花含有的萝卜硫素量，比其他绿色蔬菜高，它能够帮助人体将致癌物质和有毒物质排出体外，有效降低大肠癌、肺癌、胃癌的罹患；能够修护被紫外线伤害的肌肤，是维持皮肤健康的重要营养素。

碱 示 点 2

叶黄素　　预防黄斑部病变，维持视力健康

随着年纪的增长，眼睛可能会出现黄斑部病变。西蓝花中的叶黄素能够阻挡紫外线对眼睛的伤害，有预防黄斑部病变的作用。西蓝花是餐桌上的一道健康食材，可以经常食用。

碱 示 点 3

微量元素硒　　抗氧化，抗癌

硒是人体免疫系统中的一种抗氧化解毒酶，此酶的结构包含有四个硒原子，能够保护细胞膜与身体的组织，避免氢氧游离基对细胞的破坏，具有抗癌的功效。

XO酱炒西蓝花

材料
西蓝花1棵、蒜瓣3瓣、姜1小块、葡萄籽油2大匙

调味料
水50毫升 、XO酱1大匙、盐少许

做法
1.西蓝花洗净,用滚水汆烫后捞起;蒜切末;姜切片。
2.热锅加油,爆香姜片、蒜末,放入西蓝花翻炒。
3.加水及调味料翻炒均匀至西蓝花熟透后,即可盛盘。

营养笔记
西蓝花含丰富的维生素C与微量元素硒,能够共同协作抗氧化,可以抵抗自由基对人体的伤害;西蓝花中的膳食纤维能增强肠道蠕动。

鲜贝西蓝花

材料
新鲜鲜贝4粒、西蓝花1棵、姜1小块、奶油1小块、葡萄籽油1大匙

调味料
盐少许

做法
1.西蓝花洗净,用滚水汆烫后捞起;鲜贝洗净;姜切片备用。
2.热锅加油、奶油,放入姜片、西蓝花、鲜贝拌炒。
3.加少许盐翻炒至鲜贝微缩时,即可盛盘。

营养笔记
西蓝花中丰富的β-胡萝卜素在体内可转换成维生素A,能中和自由基,有保护视力及维持皮肤光泽的作用。

奶香双花菜

材料

西蓝花1/2棵、白色花椰菜1/2棵、蒜瓣3瓣、奶油1小块、葡萄籽油1大匙

调味料

盐少许、奶酪粉少许

做法

1. 白色花椰菜、西蓝花洗净，用滚水氽烫后捞起；蒜切末备用。
2. 热锅加葡萄籽油、奶油，爆香蒜末，放入西蓝花及白色花椰菜。
3. 加少许盐翻炒均匀，至花菜熟透，即可盛盘。
4. 最后撒上少许奶酪粉即可。

营养笔记

白色花椰菜和西蓝花中，都含有丰富的抗氧化营养素萝卜硫素及异硫氰酸盐，除了能够抵抗自由基的伤害外，还能降低罹患癌症的风险。

第二周成功关键：
多彩饮食，不偏食

在现代社会，由于科技的进步，一切都变得很方便，尤其是3C产品的发明，让人可以不出门就知天下事，也能通过网络买到食物。然而，许多3C产品却会使健康受到很大的影响，而这些伤害健康的物质，就是看不见、摸不着的"自由基"！打电话所产生的电磁波，以及电脑、电视的辐射，这些都是健康的隐形杀手！

正常情况下，虽然我们的身体在新陈代谢的过程中，会产生许多自由基，但因我们体内有一套抗氧化系统，所以可以维持健康。随着身体老化及环境中的自由基量变多，我们身体的抗氧化系统就会疲于奔命，当超出负荷时，体质会变差，渐渐出现"亚健康"的症状，如果身体无法进行抗氧化来中和自由基的伤害，就将出现疾病。

抗氧化等于抗自由基，从饮食中摄取抗氧化素是改变体质的重点关键。

高植化营养素——抗氧化战士

自由基是疾病产生的原因之一，当身体的细胞被自由基攻击时，就会发生损伤，甚至癌化。因此，只有增加植物生化素的摄取才能避免细胞被伤害。

蔬果中五颜六色的天然颜色中，存在着各种各样的植物生化素。研究发现，蔬果本身正是凭借着植物生化素，才得以在恶劣的环境下生长。如果将植物生化素的功效应用于人体时，就可以维持身体的健康。

因此，建议多利用各种不同颜色的蔬菜来搭配料理，这样可获取更多的植物素，例如，番茄的茄红素、紫米中的花青素、胡萝卜中的β-胡萝卜素……

优脂：提高植化素的吸收，预防心血管疾病

许多植物生化素是脂溶性的，在吸收的过程中必须要有油脂的协助，才能提高其利用。因此，选择优质油脂并搭配含植物生化素高的蔬菜，才能让身体吸收到足够多的植化素。例如，利用含较多不饱和脂肪酸的鱼类搭配适宜的蔬菜料理，就能提高植物生化素的吸收利用，不饱和脂肪酸还能协助植化素一同来预防心血管疾病。

料理：巧搭配，不偏食

任何食材都有其营养价值，利用不同的食材来巧妙地搭配，可以提高料理的营养，切勿长期摄取单一食材，而导致营养失调。

第二周菜单示范

　　以下是第二周的饮食建议，你可以根据自己的饮食习惯或生活作息安排一日碱餐。如果你没有安排碱餐的餐次，我们建议你尽量摄取偏碱性的食物。

三餐设计：1周可以隔日排定一日碱餐

天数	第一天	第二天	第三天	第四天	第五天	第六天
早餐		什锦薏苡仁粥		枸杞山药粥		桂圆红豆紫米粥
午餐		海南紫米饭 五味鲜鱼片 番茄炒三鲜 当季蔬菜		松子罗勒 薏苡仁饭 葱烧海参 XO酱炒 西蓝花 当季蔬菜		日式山药饭 红曲烧子排 魔芋蔬果沙拉 当季蔬菜
晚餐		鲜蔬山药 炖饭 烤松板肉 奶香双花菜 当季蔬菜		紫米鸡丝拌饭 牛蒡鲷鱼 奶油魔芋焗白菜 当季蔬菜		薏苡仁四宝饭 东北白肉 焗烤番茄 当季蔬菜

早/晚餐设计：如果你是上班族，无法做午餐，可以将碱餐安排在每日早、晚餐中。

天数	第一天	第二天	第三天	第四天	第五天	第六天
早餐	什锦薏苡仁粥		枸杞山药粥		桂圆红豆紫米粥	
晚餐	海南紫米饭 五味鲜鱼片 番茄炒三鲜 当季蔬菜	鲜蔬山药炖饭 烤松板肉 奶香双花菜 当季蔬菜	松子罗勒 薏苡仁饭 葱烧海参 XO酱炒 西蓝花 当季蔬菜	紫米鸡丝 拌饭 牛蒡鲷鱼 奶油魔芋焗 白菜 当季蔬菜	日式山药饭 红曲烧子排 魔芋蔬果 沙拉 当季蔬菜	薏苡仁四宝饭 东北白肉 焗烤番茄 当季蔬菜

※可以根据自己的生活状况和口味，利用本书所附的1周饮食表，设计打造碱性体质的饮食计划。

第三周提升代谢力
必吃的10种黄金食物

肠道调整好了，抗氧化力随之上升，
整体代谢力增强了，慢性疾病就不会来找你。

生活习惯病，主要是指不良生活习惯造成的疾病，
也就是我们常听到的"代谢性疾病"。
一般人常以为肥胖、糖尿病、高血压、心血管疾病及痛风都是老年人才会患上的疾病，
但事实上，这些疾病的罹患年龄却是逐年下降。
我们远离这些慢性疾病的方法之一，
就是调整好肠道，提升抗氧力，增强代谢力。

荞麦

别名：三角麦

主要营养成分：抗性淀粉、芸香素、膳食纤维、钙、镁、锌、维生素B_1、维生素B_2、维生素B_6

专家提醒

对于过敏体质者，荞麦中的蛋白质容易引发过敏反应，食用时要特别小心。

专家细选

选购时，建议选择米粒完整、饱满，大小均匀，表面有光泽，避免有断裂或有裂纹的。

保存处理方式

1. 建议存放于阴凉干燥处，避免受潮；如需保存较长的时间，建议密封存放于冰箱，避免吸收到冰箱的异味和受潮。
2. 烹煮前，建议用清水清洗3次后，至少浸泡1小时，以减少农药残留。

重量（克）	蛋白质（克）	脂肪（克）	糖类（碳水化合物）（克）	膳食纤维（克）
100	11.6	3.2	71.4	3.5

碱 示 点 1

芸香素　　促进胰岛素分泌，帮助糖类代谢

在吃进食物后，人体就会分泌胰岛素来代谢糖类，但是现代人的饮食常常过量，造成胰腺过度分泌胰岛素，最终导致胰腺疲乏，胰岛素分泌不足，而荞麦中所含的类黄酮植化素——芸香素可以促进胰岛素分泌，帮助血糖代谢。

碱 示 点 2

抗性淀粉　　消油减肥，控制体重

一般人都认为淀粉是造成肥胖的主因，因此，想控制体重的人通常会拒绝淀粉质含量高的主食类，但其实淀粉质中的抗性淀粉有助于控制体重，因为它不易被吸收，并且具有饱腹感，能减少食量。荞麦中含有较高比例的抗性淀粉。

碱 示 点 3

槲皮素和锌　　维护前列腺的健康

前列腺炎是50岁以下男性常见的疾病之一，通常是因泌尿道感染所引起的。据研究报告发现，有慢性前列腺炎的男性，补充槲皮素后可以改善疼痛。锌不足也与慢性前列腺炎有关，所以经常摄取含有槲皮素与锌的食物，有助于维护前列腺的健康。

荞麦三宝饭

材料
荞麦100克、燕麦30克、大米100克、水200毫升

做法
1.荞麦清洗3次，泡水1小时后备用。
2.燕麦、大米清洗3次，泡水30分钟后备用。
3.将以上食材过滤后倒入电饭锅中，加水煮熟即可。

营养笔记
这道主食含有丰富的抗性淀粉，能产生饱腹感，而且热量低。抗性淀粉在肠道中不易被吸收，对于控制体重有帮助。

荞麦大米粥

材料
荞麦70克、大米120克、水800毫升

做法
1.荞麦清洗3次，泡水1小时；大米清洗3次，泡水30分钟备用。
2.荞麦加水煮滚后，改小火，倒入大米，再煮约30分钟至浓稠状即可。

营养笔记
荞麦含有丰富的膳食纤维，能够帮助肠道蠕动，提高营养素的吸收；抗性淀粉热量低，而且能产生饱腹感。

荞麦饭团

材料
荞麦100克、胚芽米50克、长糯米100克、鱼松30克、卤蛋1个、奶酪1片、小黄瓜1根、苜蓿芽20克、水200毫升

器具
保鲜膜1张

做法
1. 荞麦、胚芽米、长糯米清洗3次，泡水1小时，过滤水后倒入电饭锅中，加水煮熟后，搅拌均匀备用。
2. 卤蛋切成四小块、奶酪切成四小条；小黄瓜洗净去头、尾，切成丝；苜蓿芽用冷开水洗净，滤干水分备用。
3. 保鲜膜铺在砧板上，放上荞米饭将其压平，再陆续放上鱼松、卤蛋块、奶酪条、小黄瓜丝、苜蓿芽后，卷起压平成团状即可。

> ### 营养笔记
> 荞麦与胚芽米可以提供一天的活力来源；小黄瓜、苜蓿芽中的维生素与矿物质，能促进食物的消化吸收。这道料理做起来简单方便，而且营养丰富，还能产生饱腹感。

马铃薯

别名：土豆

主要营养成分：抗性淀粉、膳食纤维、钾、糖类、胡萝卜素、维生素C

专家提醒

1. 发芽的马铃薯不可食用，因为所含的龙葵碱（茄碱）量高，误食可能会造成中毒。
2. 马铃薯煮熟再放冷后，其抗性淀粉量会更多，对于糖尿病患者或是控制体重的人，建议做成沙拉来吃。

专家细选

建议选择表面完整，外形呈椭圆形，有重量感的。避免选购表面有皱褶纹路、凹洞，甚至发芽者。

保存处理方式

1. 建议购买回来先洗净、擦干，密封存放于冰箱冷藏。如果马铃薯发芽了，则整个都要丢弃，切勿再烹煮食用。
2. 料理前，建议将去皮的马铃薯浸泡在清水中，以避免氧化并增加其脆度。

重量（克）	蛋白质（克）	脂肪（克）	糖类（碳水化合物）（克）	膳食纤维（克）
100	8.9	1.4	9.8	–

碱 示 点 1

抗性淀粉　　延缓血糖上升，稳定血糖

马铃薯是一种含有丰富淀粉的食物，也是西方人作为主食来源的食材之一。它所含的抗性淀粉量高，不易造成血糖急速上升，且消化时间较久，对减重的人而言，饱腹感越久，就越不想吃东西，故马铃薯对需要控制血糖及控制体重的人而言都是很好的食材。

碱 示 点 2

α–卡茄碱（α–Chaconine）　　防癌植物生化素

癌症历年来都高居国人死亡原因的第一位，而且癌症的真正病因，到现在还是未知，所以，一般人最害怕的就是被宣判"罹癌"。在马铃薯这种常见的蔬菜中，近年来研究发现，它含有一种糖苷生物碱——α–卡茄碱，有抑制癌细胞增生的功效。

碱 示 点 3

钾离子　　消除水肿型肥胖

在一些进行体重管理的个案中，发现有些努力减重的人，他们的体重在每日早、晚变化很大，尤其在早晨和傍晚容易出现下肢水肿。造成下肢水肿的原因有许多，一般而言，补充富含钾离子的食物，可以缓解下肢水肿的状况，但建议还是先确定水肿的原因后，再进行食疗。

焗烤马铃薯

材料
马铃薯1个、奶酪100克、洋葱1/4个、小黄瓜1/2条、锡箔纸2张

调味料
盐少许

做法
1. 洋葱、小黄瓜切丁备用；马铃薯洗净，放入电炖锅（外锅倒入半碗水），蒸熟取出置凉。
2. 将马铃薯切半，放在锡箔纸上，用汤匙插松马铃薯肉，再加入盐、洋葱丁、小黄瓜丁，将其拌匀。
3. 最后放上奶酪，放进烤箱焗烤（上火140℃，下火120℃），烤约十分钟即可。

营养笔记
马铃薯含有丰富的淀粉质，易有饱腹感，可作为主食用；配搭奶酪能够提供丰富的钙质；洋葱及小黄瓜中的维生素C有助钙质的吸收。

马铃薯炖饭

材料
马铃薯半个、洋葱1/4个、蒜瓣3瓣、大米80克、鸡高汤150毫升、葡萄籽油1大匙

调味料
盐少许

做法
1. 马铃薯洗净去皮，切丁；洋葱切丁；蒜切末；大米清洗3次，泡水30分钟备用。
2. 热锅加油，小火爆香洋葱丁、蒜末，倒入大米翻炒。
3. 加入高汤50毫升，翻炒至汤汁收干时，再加高汤50毫升及马铃薯丁继续翻炒，让汤汁收干。
4. 最后倒入剩余高汤，继续翻炒至汤汁收干即可。

营养笔记
马铃薯是低脂、低糖的主食，容易产生饱腹感，且饱腹的时间较持久，可减少食物的摄取，故对控制体重非常有帮助。

马铃薯沙拉

材料
马铃薯1个、小黄瓜1/2条、胡萝卜1/3条、煮鸡蛋半个、葡萄干1大匙

调味料
盐少许、奶油20克

做法
1.小黄瓜、胡萝卜切丁；煮蛋切片备用。
2.马铃薯洗净与胡萝卜丁倒入碗中，一起放入电炖锅中（外锅倒入半碗水），蒸熟后取出置凉备用。
3.马铃薯去皮后，压成泥状，再放入小黄瓜丁、胡萝卜丁、葡萄干以及调味料混合拌匀。
4.最后将煮鸡蛋切片铺在上面即可。

营养笔记
马铃薯中含有的抗性淀粉，在肠道中不能被消化吸收，可以直接进入大肠被有益菌发酵，产生脂肪酸，具有滑肠通便的功效。煮熟后放凉的马铃薯，其抗性淀粉的含量更高。

番薯

别名：地瓜

主要营养成分：β-胡萝卜素、绿原酸、槲皮素、膳食纤维、维生素A、维生素B_1、钾、钙、镁

专家提醒

番薯是一种很耐放的食材，一般购买回来的番薯存放于干燥环境中，至少可放一个月。如果存放在潮湿的环境中，番薯的表皮会出现黑色斑点（黑霉菌），具有毒性，这种番薯必须丢弃，不可食用。

专家细选

1. 番薯的品种大致分为黄皮和红皮两种；红皮地瓜含水量较高，故大多用来做甜品；黄皮番薯含水量较低，口感较松软，适合与米饭或杂粮混合食用。
2. 建议挑选完整、饱满、表面平滑、无黑斑点者，这样的较新鲜，要避免选购表面有皱纹、凹洞或黑斑者。

保存处理方式

1. 建议放置于阴凉、干燥的通风处；如果需长时间存放，建议密封存放于冰箱冷藏。
2. 用于料理时，可以将去皮的番薯浸泡在清水中，避免氧化的同时又可增加其脆度。

重量（克）	蛋白质（克）	脂肪（克）	糖类（碳水化合物）（克）	膳食纤维（克）
100	1.0	0.3	28.6	2.4

碱 示 点 1

膳食纤维丰富　　清除深层宿便，打造良好的肠道环境

吃过番薯的人都知道，番薯中的膳食纤维含量丰富，有助于排便顺畅，甚至可以清除肠道中的宿便。而且，膳食纤维还能促进益生菌的生长繁殖，改变肠道菌群的结构，让肠道变得更加健康。

碱 示 点 2

黏液蛋白　　吸附胆固醇，降低心血管病的发生

切开番薯，会流出乳白色黏液状的物质，这就是番薯中的一种重要的营养成分——黏液蛋白，它可以在肠道中吸附食物中的胆固醇，随粪便排出体外，故有降低血清胆固醇的作用，能够保护心血管。

碱 示 点 3

脱氢表雄酮（DHEA）　　预防心血管疾病，提升免疫力

1995年美国生物学家发现，番薯中含有一种化学物质——脱氢表雄酮（DHEA），它是人体内最丰富的类固醇物质，能参与雄性激素的制造。当DHEA的水平下降时，男性患心血管疾病的风险将会增加，免疫系统的功能及胰岛素的敏感度也会受到影响。多吃番薯可以增加体内的DHEA。

薯条菜饭

材料
番薯1个、圆白菜1/3棵、虾皮15克、红葱酥15克、大米180克、鸡高汤200毫升

调味料
盐少许

做法
1. 番薯洗净，去皮刨成条；虾皮泡水洗净；圆白菜洗净，切丝备用。
2. 大米清洗3次，泡水30分钟，过滤后倒入电炖锅中，并放入薯条、圆白菜丝、虾皮、红葱酥。
3. 最后倒入鸡高汤和盐一起煮熟即可。

 营养笔记

番薯中含有丰富的寡糖成分，可以促进肠道蠕动，维持正常的消化运转，且使人易有饱腹感；搭配圆白菜中的膳食纤维，可以提升体重管理的效果。

番薯小米麦片粥

材料
番薯1个、小米30克、麦片20克、大米120克、水800毫升

做法
1. 番薯洗净、去皮切块备用。
2. 小米、麦片、大米清洗3次，加水煮滚后，改小火。
3. 放入番薯续煮至浓稠状即可。

 营养笔记

番薯、小米、麦片都是低脂、高纤维的主食，且属于低升糖指数的食材，不会造成胰岛素水平快速上升，还可以帮助控制体重。

番薯年糕羹

材料

番薯2个、瘦猪肉片50克、年糕120克、虾皮15克、姜1小块、韭菜20克、豆芽菜20克、高汤1000毫升、淀粉水30毫升、葡萄籽油1大匙

调味料

A.五香粉少许、酱油1小匙、胡椒粉少许、淀粉1大匙、盐少许

B.盐少许、胡椒粉1小匙、油葱酥少许

做法

1.猪肉片用调味料A腌渍10分钟备用。

2.韭菜、豆芽菜洗净；姜切片；番薯去皮切块；年糕切条；虾皮泡水洗净，滤干水分后备用。

3.热锅加油，爆香虾皮、姜片后，加入高汤及番薯待煮滚后，改用中火续煮约10分钟。

4.加入猪肉片、年糕条，待煮滚后再加入韭菜、豆芽菜及调味料B。

5.最后用淀粉水勾芡，煮滚即可。

营养笔记

一般很少把番薯做成咸味料理，此料理用年糕搭配番薯、虾皮、肉片和蔬菜，是一道具有饱腹感且营养丰富的简单主食料理。

蚬（蛤蜊）

别名：河蚬（文蛤）

主要营养成分：蛋白质、脂肪、牛磺酸、胆碱、维生素B$_2$、维生素B$_6$、维生素B$_{12}$、钙、镁、铁、维生素E

专家提醒

市售的一些蚬精保肝产品，钠含量不低，建议自己来制作，简单又健康！

专家细选

建议选购体形较大，外壳纹路清晰、无破裂现象，闻起来无臭味，拿两颗相互轻敲，声音扎实者。如果表面附着有少量的藻类说明很新鲜。表面太光亮者可能用化学药剂处理过，要避免选购。

保存处理方式

1. 选购前，建议与店家确认是否已经过吐沙处理，如果没有，则要先进行吐沙处理。1公斤的蚬，加入与蚬齐平的水量，放盐时要注意，蚬生长于淡水水域，所以只需加少许的盐，而蛤则要加2小匙盐，至少浸泡2小时。吐沙后，建议立即料理，如果不是马上烹煮，浸泡过盐水后，密封存放于冰箱冷藏，但不宜存放太久。

2. 去除表面附着的藻类时，可将蚬放入塑料袋或保鲜盒中，加少许的盐，轻轻晃动后，再用清水冲洗即可。

重量（克）	蛋白质（克）	脂肪（克）	糖类（碳水化合物）（克）	膳食纤维（克）
100	8.9	1.4	9.8	-

营养点 1

牛磺酸　　有利于脂肪代谢，预防脂肪肝

肝病是国人最常见的疾病之一，一般可分为病毒性、药物性、酒精性及新陈代谢异常性肝病。蚬和蛤蜊中含有牛磺酸，这种成分具有乳化油脂，促进脂肪与胆固醇代谢的作用，所以，可以预防新陈代谢异常引起的脂肪肝，以及动脉硬化等疾病。

营养点 2

胆碱　　保护脑细胞，维持精神活力

蚬和蛤蜊中含有丰富的胆碱，在体内能转变成与记忆功能有关的神经传导物质乙酰胆碱，可以保持脑神经细胞膜之间联络点的完整，有利于脑细胞之间交换信息，具有保护脑细胞的功能，可以预防老年失智等问题的发生。

营养点 3

肝糖和维生素B_2、维生素B_6、维生素B_{12}　　修复肝脏，补充营养

蚬、蛤蜊中的肝糖含量丰富，这是一种储存于人体肝脏中以备不时之需的营养素，可以帮助修复肝脏细胞，以及提供给身体能量；B族维生素是修补受损的肝脏细胞时不可或缺的营养素。

塔香蛤蜊

材料
蛤蜊600克、罗勒10克、姜1小块、葱1根、葡萄籽油2大匙

调味料
盐少许、米酒1大匙

做法
1. 姜切片；葱切段备用。
2. 热锅加油，用小火爆香葱段、姜片后，倒入蛤蜊及调味料。
3. 改大火翻炒，待蛤壳微开时，放入罗勒，焖烧约1.5分钟即可盛盘。

营养笔记
蛤蜊富含牛磺酸，能降低血脂，对于体脂肪有明显的控制功效，可以预防脂肪肝。

蒜仁蚬精

材料
蚬仔600克、大蒜50克、姜1小块、水400毫升

调味料
盐少许

做法
1. 姜切片。
2. 蚬仔洗净、吐沙后，加入大蒜、姜片、调味料及水，放进电炖锅（外锅倒入半碗水）煮熟即可。

营养笔记
用蚬仔与大蒜清炖的蚬精汤，含有丰富的肝糖、牛磺酸及胆碱成分，可以迅速补充精力，快速提升活力。

紫苏河蚬

材料

蚬仔600克、干紫苏叶10克、水200毫升、姜1小块

调味料

和风酱油2大匙、绍兴酒1大匙

做法

1. 蚬仔洗净，吐沙；姜切片；干紫苏叶洗净，泡水200毫升备用。

2. 紫苏叶连同浸泡的水、姜片一起用小火煮滚5分钟。

3. 加入蚬仔及调味料，煮至蚬壳开即可。

营养笔记

河蚬含有丰富的趋脂因子——牛磺酸，可以促进胆固醇、脂肪乳化和代谢；紫苏有促进消化液分泌的作用，可以增强肠道功能，排出体内的毒素。

鲑鱼

别名：三文鱼

主要营养成分：ω－3不饱和脂肪酸、蛋白质、DHA、EPA、虾红素、维生素A、维生素B$_6$、维生素B$_{12}$、钙、锌、铁

专家提醒

市面上有不少鲑鱼加工产品，一般烟熏鲑鱼是较常见的产品，但由于烟熏品含钠量较高，所以，建议还是购买原食材来烹调较佳。

专家细选

建议挑选颜色呈橘红色，平滑有光泽、肉质按下去有弹性者，白色细纹越明显，口感越滑嫩。避免选购颜色呈灰白色，或肉质摸起来有黏液感的，这样的说明不新鲜了。

保存处理方式

1. 洗净后，用纸巾擦干，如果两天内食用，就用密封袋装好存放于冰箱冷藏；若要存放两天以上，建议冷冻保存。
2. 料理时洗净后建议擦干鱼身表面的水分，以避免油爆。下锅前涂抹上少许盐可以保持肉质鲜美。

重量（克）	蛋白质（克）	脂肪（克）	糖类（碳水化合物）（克）	膳食纤维（克）
100	17.2	7.8	—	—

营养点 1

DHA　　延缓脑部退化，预防老年痴呆

老年痴呆的发生原因，至今还无定论，发生率有愈来愈高的趋势。据研究报告指出，随着年纪增长，脑细胞中的DHA含量会渐渐变少，这可能是引起脑细胞退化，导致失智的原因之一。因此，摄取富含DHA的食物，有助于延缓脑细胞的退化。

营养点 2

ω-3不饱和脂肪酸　　清油降脂，预防动脉硬化

心血管疾病是国人常见的死亡原因之一，由于现代人的饮食多是大鱼大肉而少蔬果，长期下来就会造成血管硬化、栓塞等心血管方面的问题。鲑鱼中丰富的ω-3不饱和脂肪酸，能降低甘油三酯的合成，具有改善血脂异常、调节体内脂质平衡的功能。

营养点 3

虾青素　　延缓糖尿病并发症的发生

糖尿病是一种非常复杂的疾病，因为它的并发症很多，如果血糖一旦失控，就可能会造成高血脂、肝肾功能异常、发炎等现象，严重的甚至要洗肾、截肢。根据动物实验发现，虾青素能够延缓糖尿病并发症的发生，因此适时补充天然虾青素，是不错的保健之道。

鲑鱼蛋饼

材料
鲑鱼100克、鸡蛋1个、葱1根、葡萄籽油4大匙

调味料
胡椒盐少许、盐少许

做法
1. 葱洗净，切成葱花。
2. 热锅加2大匙油，将鲑鱼煎至两面焦黄取出，用汤匙把鱼肉拆散、挑松并加少许胡椒盐备用。
3. 鸡蛋中加少许盐及葱花，打散拌匀。
4. 热锅加2大匙油，倒入葱花蛋液，煎至下层微黄时，放入鲑鱼肉，翻面再煎至焦黄即可。

 营养笔记

鲑鱼含有丰富的易消化的优质蛋白质，能帮助肌肉组织的生长，还可以增加脂肪燃烧，减少肌肉耗损，有助于控制体重。

黑胡椒烤鲑鱼

材料
鲑鱼200克

调味料
盐少许 、奶油20克、黑胡椒粒少许

做法
1. 鲑鱼两面涂上少许盐放进烤箱，用上火200℃、下火180℃烘烤。
2. 烤熟后取出，涂上奶油、撒上黑胡椒粒即可。

营养笔记

鲑鱼肉里含有丰富的类胡萝卜素——虾青素，具有很强大的抗氧化性，有助于保持肌肤的润滑和光泽。

三杯鲑鱼骨

材料
鲑鱼骨300克、大蒜15克、姜1小块、葡萄籽油300毫升

调味料
黑芝麻油2大匙、酱油2大匙、米酒1大匙、糖2小匙

做法
1.姜切片备用。
2.热锅加油，烧至约180℃放入鲑鱼骨，油炸呈金黄色捞出备用。

3.取另一锅，热锅倒入黑芝麻油、姜片、大蒜，用小火爆香，再放入鲑鱼骨及酱油、米酒，翻炒均匀，起锅前撒上糖拌匀即可。

营养笔记
鲑鱼骨中含有丰富的钙质，能改善因严重缺钙而造成的骨质疏松的问题。

海蜇皮

别名：水母

主要营养成分：蛋白质、甘露多糖、维生素B_{12}、碘、锌、镁

专家提醒

海蜇皮不宜氽烫过久，不然肉质会变得坚韧难以咀嚼，料理时需要特别注意，以免过熟造成难以下咽。

专家细选

因采收有时间性，再加上近年水污染严重，故量少、价高，采收后，大多用盐腌渍冰存。海蜇皮有厚、薄之分，价格有所不同，如果是自己吃，购买薄片即可，泡水后处理方便，以完整、色呈淡黄白色，透明度较好者为佳。

保存处理方式

1.一般都用盐腌渍过，故存放时置于玻璃器皿中，放于冰箱冷藏即可。

2.料理前，建议反复揉洗多次，并用冷水泡一夜，以减少其中的盐分。

重量（克）	蛋白质（克）	脂肪（克）	糖类（碳水化合物）（克）	膳食纤维（克）
100	4.4	微量	2.2	–

碱 示 点 1

碘　维持甲状腺素分泌正常，增强代谢功能

甲状腺素是调节人体新陈代谢的重要激素之一，它可以促进胃肠道的消化、吸收，促使蛋白质、脂肪分解。而碘是制造甲状腺素的原料之一，如果缺乏碘，人体的代谢功能将受到影响，易产生畏寒、体温偏低等现象，多吃海蜇皮可补充人体所需的碘。

碱 示 点 2

甘露多糖　产生饱腹感，促进肠道益生菌的生长

海蜇皮中含有丰富的甘露多糖胶质成分，一般用来做凉拌菜，口感清脆又富有嚼劲。甘露多糖胶质成分在肠道中能吸附油脂，将其随粪便一同排出体外；可预防血管粥样硬化，还能促进肠道益生菌的生长繁殖，改变肠道菌群的结构，提升免疫功能。

碱 示 点 3

锌　促进胰岛素分泌正常，预防糖尿病

锌能促进胰岛素的分泌，让血液中的葡萄糖进入细胞内，进行氧化还原反应释放出能量，帮助我们维持一天的精神与活力。一旦缺乏锌，就会导致代谢不畅，出现有气无力、做事不积极、反应变慢等现象。海蜇皮中含有丰富的锌，有助于维持正常的血糖代谢功能。

银丝海蜇

材料
泡发海蜇皮100克、鸡胸肉100克、冰块水1盒

调味料
胡椒盐1小匙、和风酱油1大匙

做法
1.海蜇皮切成条状，用滚水汆烫后捞出，放进冰水冰镇备用。
2.鸡胸肉涂抹胡椒盐，放进电炖锅（外锅加半碗水），蒸熟取出置凉后，撕成丝状备用。
3.海蜇皮捞出与鸡丝淋上和风酱油拌匀即可。

营养笔记
海蜇含有丰富的甘露多糖胶质，可以促进益生菌的生长、繁殖，并具有饱腹感，能减少食量；鸡肉中的左旋肉碱可以促进脂肪燃烧，有助于控制体重。

呛海蜇

材料
泡发海蜇皮120克、香菜5克、蒜瓣3瓣、冰块水1盒

调味料
薄盐酱油1大匙、香油2小匙

做法
1.蒜、香菜切末备用。
2.海蜇皮切成条状，用滚水汆烫后捞出，放进冰水冰镇备用。
3.将海蜇皮捞出，撒上蒜末、香菜末，淋上调味料拌匀即可。

营养笔记
海蜇中含有丰富的碘，是参与甲状腺素合成的非常重要的元素之一，具有调控细胞代谢、神经性肌肉组织生长的作用。

XO酱拌三丝

材料

泡发海蜇皮100克、小黄瓜1根、胡萝卜1/3
根、冰块水1盆

调味料

辣味XO酱2大匙

做法

1.海蜇皮切成条状，用滚水汆烫后捞出，放进
  冰水冰镇备用。

2.小黄瓜洗净，去头、尾切成丝；胡萝卜去
  皮，切成丝备用。

3.将海蜇皮捞出加入小黄瓜丝、胡萝卜丝和调
  味料拌匀即可。

营养笔记

海蜇皮口感爽，搭配口感清脆的小黄瓜、
胡萝卜丝，是一道非常爽口的开胃菜。这
道菜能使肠道保持干净、顾肠护胃。

洋葱

别名：洋葱头

主要营养成分：蒜素、二烯丙基二硫、槲皮素、山奈酚、木犀草素、膳食纤维、维生素B_1、维生素B_6、钾、镁、磷

专家提醒

蒜素是洋葱带有刺鼻味道的来源，易在高温中被破坏，所以，建议采用凉拌料理方式，以便能吸收到蒜素这种营养成分。

专家细选

新鲜的洋葱外表干燥、光滑，有重量感，如果洋葱的外表干裂、色暗，且拿起来分量轻，说明水分已流失不新鲜了。

保存处理方式

1.若短时间内料理，放于阴凉干燥处即可；若存放时间较长，则建议用密封袋装好存放于冰箱冷藏。

2.料理前，将洋葱去皮切好后，浸泡在冷水中，可减少刺鼻的辛辣味，使口感更为爽脆。

重量（克）	蛋白质（克）	脂肪（克）	糖类（碳水化合物）（克）	膳食纤维（克）
100	1.0	0.4	9.0	1.6

碱 示 点 1

蒜素　杀菌，提升代谢力

洋葱有一种刺鼻的特殊气味，常让人在处理洋葱时泪水直流，其原因是因为洋葱中含有独特的蒜素成分，它能提高肠胃的张力，促进肠胃蠕动，因此，有开胃、促进代谢的功能，并且能杀灭肠道中的病菌，维持人体的免疫力。

碱 示 点 2

有机硫化物、铬　降血糖，协助糖尿病患血糖控制

洋葱含有多种植物生化素，其中所含的铬和二丙基二硫，能使胰岛素发挥作用，促进胰岛素的分泌，具有降低血糖的功能。

碱 示 点 3

槲皮素、山奈酚　清除自由基，保持血管顺畅

动脉粥状硬化是心血管疾病中常见的症状之一，其主要原因与坏胆固醇受到自由基氧化，变成容易粘在血管壁上的物质有关；洋葱中的超级抗氧化植物生化素槲皮素和山奈酚，可以防止坏胆固醇被氧化，有预防动脉硬化的功效。

凉拌芥末洋葱

材料

洋葱1/2个，香菜8克，小黄瓜1根，红、黄甜椒各半个，冰块水1盆

调味料

黄芥末2小匙、酱油4小匙、陈醋2大匙、香油1小匙

做法

1. 洋葱切丝，放入冰水中冰镇；小黄瓜洗净去头、尾切丝；甜椒去籽切丝；香菜切末备用。
2. 将所有的调味料混合调匀制成酱汁备用。
3. 将冰镇后的洋葱捞出、滤干水分，与小黄瓜丝、甜椒丝、香菜末和酱汁拌匀即可。

营养笔记

洋葱含有具辛辣味的蒜素，除了能帮助提升代谢力，还有杀菌及抗氧化的功效，采用凉拌的方式能充分地保留其中的蒜素，再配合黄芥末能使身体代谢力更强。

洋葱炒牛柳

材料

洋葱1/2个、牛肉80克、蒜瓣3瓣、胡萝卜1/4根、葱1根、葡萄籽油1小匙、奶油30克

调味料

A.酱油2小匙、米酒1大匙、胡椒粉少许、淀粉1大匙
B.盐少许、黑胡椒粒少许

做法

1. 牛肉切成条状放入容器，加调味料A腌渍约10分钟。
2. 蒜切末；葱切段；胡萝卜去皮，切片；洋葱切块。
3. 热锅加入葡萄籽油、奶油，放入蒜末、葱段、胡萝卜片、洋葱块，翻炒至香味飘出。
4. 放入牛肉及调味料B用大火快炒至熟即可。

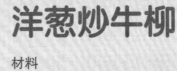

营养笔记

洋葱含有机硫化物，有开胃生津的功能，与牛肉搭配能有效摄取到牛肉中的钙、镁、铁等营养素。

奶油洋葱鸡腿排

材料
洋葱1/2个、去骨的土鸡腿1只、淀粉1大匙、蒜瓣3瓣、葡萄籽油2大匙

调味料
A.胡椒粉1小匙
B.盐少许、奶油20克、意大利香料少许

做法
1.去骨鸡腿用胡椒粉腌渍约10分钟后，蘸上淀粉备用。
2.洋葱切丁；蒜切末备用。
3.热锅加油，爆香蒜末、洋葱丁后盛出。
4.放入鸡腿排，用小火煎至鸡皮略为焦黄，再翻面，再煎至赤黄盛出。
5.鸡腿肉朝上（有皮的部分朝下），放上爆香过的洋葱、蒜末及调味料B，再放进烤箱，用上火180℃、下火150℃烤约10分钟，最后，撒上意大利香料。

营养笔记
洋葱中的膳食纤维有吸附油脂的功能；而鸡腿肉中所含的左旋肉碱，能有效促进脂肪燃烧，有助于降低体脂肪。

黑木耳

别名：木耳

主要营养成分：膳食纤维、木耳多糖、钙、铁、果胶、蛋白质、维生素B_1、维生素B_2

专家提醒

虽然目前市面上流行饮用木耳饮品，但由于木耳具有抗凝血的功能，所以对刚做完手术或生理期的女性，还是需特别留意食用量。

专家细选

建议选购新鲜的木耳，干木耳的品质较难分辨，要谨慎购买。新鲜的木耳分为野生与人工栽培的，野生的形体较小，栽培的较大，而现在市面上销售的大多是人工栽培的。建议选购完整、厚实的木耳，若外表有破裂或有湿黏感，说明存放过久，要避免购买。

保存处理方式

1.新鲜的木耳，建议密封存放于冰箱冷藏室中。

2.料理前，用清水洗净即可。

重量（克）	蛋白质（克）	脂肪（克）	糖类（碳水化合物）（克）	膳食纤维（克）
100	0.9	0.3	7.7	6.5

碱 示 点 1

木耳胶质纤维　　减食消脂、帮助减重

木耳胶质具有吸水膨胀的特性，食用后，会贴附在肠胃细胞表面，能减缓肠胃酵素分泌，使胃产生有饱腹感，从而能减少食量，对于控制体重有帮助。木耳中的纤维、半纤维、果胶能促进肠胃蠕动，帮助排便，预防慢性疾病的发生。

碱 示 点 2

木耳多糖　　吸附毒素，保肝护肾

现代人的饮食中充斥着许多加工食品，时不时就会爆出"黑心食品"，这些食品中的有毒成分，对我们的肝肾都会造成伤害。黑木耳中所含的胶质成分，在肠胃中可以吸附有毒物质，减少肝肾的负担，因此，具有保肝护肾的功能。

碱 示 点 3

铁质丰富　　改善虚弱体质，提振精神

木耳富含铁质，是补充铁质的好食材。铁参与人体的新陈代谢过程，是酵素发挥作用的辅助因子，有助于将糖类转化成能量。人体缺铁的话，易导致头晕、疲倦，甚至影响记忆力和学习能力。

葱爆木耳

材料
黑木耳200克、猪肉丝50克、姜1小块、葱2根、葡萄籽油2大匙

调味料
酱油2大匙、盐少许

做法
1.黑木耳洗净、切片；姜切片；葱切段备用。
2.热锅加油，爆香葱段后，放入猪肉丝翻炒至肉泛白。
3.加入黑木耳、姜片及调味料再翻炒数次即可盛盘。

营养笔记
木耳和猪肉都富含铁，可以预防缺铁性贫血，并且还有养颜的功效，能使肌肤红润有光泽；二者所含的维生素B₁，能保持精力充沛。

陈醋拌木耳

材料
黑木耳200克、油炸花生80克、洋葱1/3个、冰块水1盆

调味料
陈醋5大匙、酱油2大匙、香油2小匙

做法
1.黑木耳用滚水汆烫后，捞出置凉切成小片；洋葱切块后，用冰块水冰镇备用。
2.将黑木耳、洋葱、花生与调味料搅拌均匀即可。

营养笔记
木耳含有丰富的胶质纤维质，易产生饱腹感，能减少食量，有助于控制体重；醋是碱性食物，能有效纠正酸性体质。

木耳海鲜饼

材料

黑木耳50克、虾仁30克、胡萝卜1/2根、洋葱1/2个、鸡蛋2个、葡萄籽油2大匙、面粉3小匙

调味料

干贝XO酱2大匙、盐少许

做法

1. 胡萝卜去皮，切末；洋葱切末；黑木耳洗净，用滚水汆烫后，捞出置凉再剁碎；虾仁去虾线，汆烫后剁碎备用。

2. 鸡蛋打散加入木耳、虾仁、胡萝卜末、洋葱末及面粉、调味料混合搅拌均匀。

3. 热锅加油，倒入混合过的蛋液，煎至两面焦黄即可。

营养笔记

木耳、胡萝卜及洋葱中的水溶性膳食纤维，可以吸附油脂及胆固醇，并将其排出体外，有助于降低心血管疾病的发生。

南瓜

别名：金瓜

主要营养成分：类胡萝卜素、麸胱甘肽、植物固醇、膳食纤维、维生素C、维生素B_1、维生素B_2、维生素B_6、钾、钙、镁、磷、锌

专家提醒

南瓜子中含有较丰富的β-麦胚固醇，建议与瓜肉可一起入菜，例如制作浓汤时，一起打成泥再烹调，或把籽留下洗净晾干后，放入烤箱中烘烤30～40分钟，当成零食食用。

专家细选

南瓜多品种很多，本土产的最好也较新鲜。建议挑选外形和蒂头完整，外皮无黑斑，有厚重感者，这样的南瓜比较新鲜。若蒂头枯萎、拿起来较轻，说明存放过久，要避免购买。

保存处理方式

1. 完整、无去皮者，放置阴凉、干燥通风处即可；如果已切开，建议用保鲜膜将切口处封好，存放于冰箱冷藏。
2. 料理前，用清水洗净，再根据个人口感、喜好，决定去皮或不去皮。

重量（克）	蛋白质（克）	脂肪（克）	糖类（碳水化合物）（克）	膳食纤维（克）
100	2.4	0.2	14.2	1.7

碱示点 1

低脂高纤　利尿消肿，维持身材

南瓜含有丰富的膳食纤维，能够提高胃肠道中食物的黏稠度，延缓胃的排空时间，使糖类的消化吸收减慢，故能产生饱腹感；南瓜还具有利尿、消肿的功效，能够减少水分滞留体内，对于水肿型肥胖的人，是不错的食材选择，有助于控制体重。

碱示点 2

南瓜果胶、多糖体　增加毒素排出，降低血糖浓度

南瓜中含有南瓜果胶，在肠道中可以形成凝胶状物质，具有吸附体内毒素，并将其排出体外的功能；特有的南瓜多糖体能够增加胰岛素浓度，降低血糖浓度，有助于糖尿病患者控制血糖。

碱示点 3

β-麦胚固醇、锌　前列腺保健

南瓜是男性前列腺保健的重要天然食材，其所含的β-麦胚固醇，具有阻碍、干扰前列腺癌细胞活性的作用。南瓜含有锌，有研究发现，慢性前列腺炎与前列腺癌患者的前列腺中，锌的含量明显低于健康者，间接证明锌具有保护前列腺的功效。

南瓜鸡丁

材料
南瓜120克、鸡胸肉80克、葱2根、姜1小块、葡萄籽油2大匙、鸡高汤120毫升

调味料
A.盐少许
B.胡椒盐少许、蛋清1大匙、淀粉1大匙

做法
1.鸡胸肉切丁，用调味料B腌渍10分钟；南瓜洗净去皮，去籽后切丁；葱切段；姜切片备用。
2.热锅加油，爆香葱、姜，放入鸡丁，翻炒至肉泛白。
3.倒入南瓜丁与少许盐翻炒数次后，再倒入鸡高汤，烧至汤汁收一半时即可盛盘。

营养笔记
南瓜具有利尿消肿的功效，且含水量高，易有饱腹感；鸡肉中的左旋肉碱，可促进脂肪的消耗，因此，这道料理有助于减重。

南瓜核桃蛋

材料
南瓜120克、核桃30克、鸡蛋2个、葡萄籽油2大匙

调味料
盐少许、奶油15克

做法
1.南瓜洗净去皮、去籽后切丁，放入电炖锅（外锅倒入半碗水）蒸熟，取出置凉备用。
2.鸡蛋与调味料打散拌匀备用。
3.热锅加油，倒入蛋液翻炒至半熟时，加入南瓜丁及核桃，再炒至蛋全熟时即可盛盘。

营养笔记
南瓜含有膳食纤维及水分，有助于肠道机能正常运转；核桃中的油脂，有润肠通便的功效。

南瓜海鲜煲

材料
南瓜120克、鲷鱼片60克、新鲜扇贝3粒、蛤蜊6粒、咸蛋黄1个、鲜奶50毫升、鸡高汤150毫升、奶油15克

调味料
盐少许

做法
1. 南瓜洗净、去皮后切块，放进电炖锅（外锅倒入半碗水）蒸熟后，取出备用。
2. 咸蛋黄放入烤箱（上火180℃，下火150℃），烤约5分钟取出。
3. 南瓜、咸蛋黄与鸡高汤，用果汁机打成南瓜泥。
4. 南瓜泥用小火煮滚，加入鲜贝、鱼片、蛤蜊、鲜奶、奶油及盐，煮至浓稠，蛤壳打开即可。

营养笔记
1. 建议打南瓜泥时，连南瓜子一起打成泥，可兼顾口感和营养。
2. 用丰富食材组合而成的南瓜煲，可以偶尔当成减肥餐，不仅能摄取到足够的糖类、蛋白质及脂肪，而且热量不高，能产生饱腹感。

甜椒

别名：彩椒

主要营养成分：β-胡萝卜素、茄红素、叶黄素、辣椒素、膳食纤维、维生素C、钙、钾、镁

专家提醒

甜椒含有丰富的营养素，并且很适合做成生菜沙拉来食用，这样能保留更多的营养素；如果想熟食的话，建议用热油快炒的方式烹调，以尽可能多地保留其营养素。

专家细选

建议购买体形完整、皮薄、肉饱满，颜色鲜艳、有光泽，蒂头完整者。因水分挥发而重量较轻者，辛辣味会少很多，口感较甜。

保存处理方式

1.建议用密封袋存放于冰箱冷藏，可以保鲜一段时间。

2.料理前，洗净蒂头凹陷处，此处较容易堆积农药或泥尘，要加强清洗。

重量（克）	蛋白质（克）	脂肪（克）	糖类（碳水化合物）（克）	膳食纤维（克）
100	0.8	0.2	5.5	2.2

碱 示 点 1

辣椒素　增进代谢率，帮助控制体重

辣椒素是存在于辣椒中的一种植物生化素，一般人误以为只有辣椒才含有辣椒素，其实甜椒也含有辣椒素，只是甜度把辣椒素的味觉感压住了。辣椒素可以增加饱腹感，降低热量摄取，提升交感神经的活性，促进儿茶酚胺的分泌，帮助脂肪代谢，有助于体重管理。

碱 示 点 2

维生素C　协助肉碱合成，帮助脂肪燃烧

甜椒由于口感偏甜，因此，常常是生菜沙拉中的主要食材之一。生食的话，维生素C的保留量会高于其他的烹调方式。维生素C是体内相当重要的抗氧化维生素，也是促进脂肪燃烧的肉碱合成时，不可缺的营养素之一。

碱 示 点 3

水分高 纤维足　润肠通便，好舒畅

便秘是现代人生活习惯的病症之一，长期便秘是罹患大肠癌的高危险因素之一。甜椒的水分含量高、纤维足，具有润肠、通便的作用。

三色椒炒肉丝

材料
红椒半个、黄椒半个、青椒半个、猪肉丝80克、葱2根、姜1小块、葡萄籽油2大匙

调味料
盐少许、八角2粒

做法
1.三椒去籽，切条状；葱切段；姜切片备用。
2.热锅加油，爆香葱、姜片，放入猪肉丝炒至肉泛白。
3.再加入红椒、黄椒、青椒及调味料炒熟后即可盛盘。

营养笔记

用3种颜色的甜椒来搭配，可以让料理呈现出诱人的视觉色彩，而且甜椒中含有丰富的β-胡萝卜素、叶黄素及叶绿素等抗氧化植物生化素，能防止脂肪被氧化而沉积在血管壁上，引发栓塞问题。

彩椒干贝鸡丁

材料
红椒半个、黄椒半个、青椒半个、鸡胸肉80克、葱段2根、姜1小块、葡萄籽油2大匙

调味料
A.干贝酱2大匙、盐少许
B.胡椒盐少许、蛋白液1大匙、淀粉1大匙

做法
1.鸡胸肉切丁，用调味料B腌渍10分钟备用。
2.三椒去籽，切成块；葱切段；姜切片备用。
3.热锅加油，炒香葱段、姜片，放入鸡肉炒至肉泛白。
4.加入红椒、黄椒、青椒及调味料A，炒至肉熟即可。

营养笔记

低脂、高蛋白的鸡胸肉，适合作为减重时摄取优质蛋白的来源，可以避免减脂肪的同时造成肌肉萎缩的问题；甜椒中丰富的维生素C有助胶原蛋白的合成。

彩椒烩三菇

材料

红椒半个、黄椒半个、青椒半个、金针菇30克、蘑菇30克、鲜香菇30克、葱2根、姜1小块、葡萄籽油2大匙

调味料

五味酱2大匙、葱末1大匙、姜末1大匙、蒜末1大匙、糖2小匙、番茄酱2大匙、酱油膏1大匙

做法

1. 三椒去籽，切条状；葱切段；姜切片备用。
2. 金针菇洗净；蘑菇切半；鲜香菇切片备用。
3. 将调味料全部混合拌匀备用。
4. 热锅加油，炒香葱段、姜片，先放入三种菇翻炒，再放红椒、黄椒、青椒及调味料炒匀即可。

营养笔记

这道料理用不同颜色的甜椒搭配3种菇，具有低热量、高膳食纤维的特点，能有效地控制体重，并有助于免疫力的提升。

第三周成功关键：
营养吃得巧，运动做得好

据研究显示，国人20岁以上约有19.7%有代谢的问题，且随年龄上升有增加趋势。患有代谢综合征的人，未来罹患糖尿病、心血管疾病的风险比一般人高。

现代人的饮食习惯大都不均衡，外食比例偏高，入口的食物又常是加工食品，而现在的食品安全问题很突出，例如：三聚氰胺（毒奶粉）、顺丁烯二酸（毒淀粉）……这都可能造成代谢性疾病提早到来。目前陷入食品安全问题的食品中，很多都是我们吃的主食类食品，如河粉、米粉、面条、面线，吃入的剂量越高，对健康状况的影响也就更严重！

因此，建议多摄取天然的食物，巧妙地将含有不同营养素的食物，搭配成营养价值高的食疗料理，再配合适度的运动，是预防代谢性疾病的最佳方法。

消脂减油，减少肥胖，远离代谢性疾病

肥胖是造成代谢性疾病发生的最大因素之一，人体的代谢率会随着年纪的增长而变慢。目前中国人的肥胖率在过去30年里翻了一番，肥胖的问题并不是只有中年人才有，现在代谢旺盛的学龄儿童及青壮年人群中，肥胖人数也呈逐年上升趋势。

肥胖是健康和外貌的杀手，许多肥胖者，会尝试各种不同的方式来减肥，一旦采用错误的减肥法，反而会加剧健康的恶化，所以，控制食量及选择有益于控制体重的食材，再搭配适量的运动，才是体重管理的不二法门。

帮助血糖代谢，远离糖尿病和心血管疾病

目前，糖尿病是代谢性疾病中最常见的疾病之一。"甜蜜的杀手"——糖尿病看似不严重，但一旦血糖失控，其可怕性常会令人措手不及，从较轻微的小血管病变（眼睛视力受影响）到大血管病变（中风、血管阻塞）、心脏疾病、截肢、洗肾等疾病，真是不可不防。

控制进食量与摄取有助血糖控制的食材，可预防血糖代谢方面的疾病。

轻松动，多运动，增强代谢力

想要提高代谢力，除了饮食之外，还必须搭配运动。"要活就要动"，但现代人工作忙碌，运动变得非常困难，事实上并非一定要汗流浃背才叫运动，轻松地动一动也可以达到运动的效果，如每天快走30分钟、每日进行30～60分钟的慢跑或散步等体能活动，还可以在看电视时，做一些腹部运动，既有利于瘦小腹，又能锻炼肌肉的耐力。

第三周菜单示范

　　以下是关于第三周饮食方式的建议，你可以根据自己的饮食习惯或生活作息来安排一日碱餐。如果你没有安排碱餐的餐次，我们建议你尽量摄取偏碱性的食物。

三餐设计：1周可以隔日安排一日碱餐

天数	第一天	第二天	第三天	第四天	第五天	第六天
早餐		荞麦大米粥		番薯小米 麦片粥		番薯年糕羹
午餐		马铃薯炖饭 塔香蛤蜊 XO酱拌三丝 当季蔬菜		番薯沙拉 鲑鱼蛋饼 三色椒炒肉丝 当季蔬菜		荞麦饭团 南瓜海鲜煲 陈醋拌木耳 当季蔬菜
晚餐		薯条菜饭 黑胡椒烤鲑鱼 彩椒烩三菇 当季蔬菜		荞麦三宝饭 银丝海蜇 南瓜鸡丁 当季蔬菜		焗烤马铃薯 紫苏河蚬 奶油洋葱 鸡腿排 当季蔬菜

早/晚餐设计：如果你是上班族，无法做午餐，可以将碱餐安排在每日的早、晚餐中。

天数	第一天	第二天	第三天	第四天	第五天	第六天
早餐	荞麦大米粥		番薯小米 麦片粥		番薯年糕羹	
晚餐	马铃薯炖饭 塔香蛤蜊 XO酱拌三丝 当季蔬菜	薯条菜饭 黑胡椒 烤鲑鱼 彩椒烩三菇 当季蔬菜	马铃薯沙拉 鲑鱼蛋饼 三色椒 炒肉丝 当季蔬菜	荞麦三宝饭 银丝海蜇 南瓜鸡丁 当季蔬菜	荞麦饭团 南瓜海鲜煲 陈醋拌木耳 当季蔬菜	焗烤马铃薯 紫苏河蚬 奶油洋葱 鸡腿排 当季蔬菜

※可以根据自己的生活状况和口味，利用本书所附的个人（家庭）专属的1周饮食表，设计打造碱性体质的饮食计划。

第四周增强免疫力
必吃的10种黄金食物

体内环境改善了，代谢力就会提升

免疫力得到了增强，抗菌抗癌的能力更强

"闻癌色变"，癌症年年高居国人十大死亡原因的第一位，

而罹癌的真正原因，到目前还没有很明确的论断，

根据医学的推论，癌症跟饮食有绝对的关系，从"病从口入"的角度来看，

现代人的饮食习惯，除了不均衡之外，时不时还会爆出"黑心食品"，

这些黑心食品大部分是我们平时经常吃的食物，

潜伏的致癌因子充斥在我们吃的食物中！

因此，改变自己的饮食习惯，是远离癌症威胁的方法之一。

胚芽米

别名：无

主要营养成分：蛋白质、不饱和脂肪酸、谷维素、膳食纤维、钙、锌、硒、维生素B_1、维生素B_2

专家提醒

胚芽米含有胚芽及米糠，由于米糠中含有丰富油脂，所以容易长米虫及氧化，而产生油哈喇味。建议胚芽米拆封后，一定要放在冰箱冷藏，且尽可能在三个月内吃完。

专家细选

建议选择米粒完整、饱满，大小均匀，表面有光泽的米，避免购买有断裂或有裂纹的米。

保存处理方式

1.拆封后，务必用密封袋装好存放于冰箱冷藏，且尽早食用。

2.料理前，建议用清水清洗3次，浸泡至少1小时，以减少农药残留。

重量（克）	蛋白质（克）	脂肪（克）	糖类（碳水化合物）（克）	膳食纤维（克）
100	7.7	2.7	73.9	2.2

碱示点 1

γ–谷维素（γ–Oryzanol）　　缓和自律神经失调、抗过敏

胚芽米比糙米少了外层的糠皮，但保留有米粒尖端的胚芽部分（一般白米是全部碾除），因此，外观比糙米白，比白米黄，营养素的保留也比白米多。胚芽米中较为丰富的γ–谷维素是脂溶性植物固醇的一种，它具有改善自律神经失调的功能，也有抗过敏的作用。

碱示点 2

γ–GABA　　促进脑细胞代谢，助睡安眠

现代人因失眠问题，常引发生理疾病，失眠的原因很多，但大部分人是因长期紧张、有压力而导致无法入眠。胚芽米中的γ–GABA成分可以帮助精神放松，松弛紧张的神经，因此，对于压力、紧张所引起的失眠症状有帮助。

碱示点 3

丰富的B族维生素　　保持正常的代谢，能解除疲劳

胚芽米保留了相当多的B族维生素，其中，维生素B_1及维生素B_2，是协助体内酶素进行糖类代谢，转化成能量的辅酶素，若缺乏B族维生素，将导致代谢变差，身体就容易感到疲劳。

胚芽麦片粥

材料
胚芽米150克、麦片30克、水800毫升

做法
1. 胚芽米清洗3次后，泡水1小时；麦片清洗3次后，泡水20分钟后滤出备用。
2. 胚芽米加水在锅中煮滚后，改小火煮20分钟。
3. 再加入麦片，煮至浓稠状即可。

 营养笔记

胚芽米是大米未处理前的形态，所以，保留了大部分的营养素，能够提供有助于维持免疫力所需的维生素、矿物质及不饱和脂肪酸。

海南胚芽饭

材料
胚芽米200克、鸡高汤200毫升

调味料
盐少许

做法
1. 胚芽米清洗3次后，泡水1小时。
2. 过滤后倒入电子锅，加入鸡高汤及少许盐煮熟即可。

营养笔记

胚芽米中的微量元素——锌能提高人体的免疫力，避免病菌的感染；鸡高汤中含有游离氨基酸，能够帮助免疫细胞的合成。

胚芽米炖饭

材料

胚芽米150克、山药1/3根、胡萝卜1/4根、虾皮20克、鸡高汤150毫升、葡萄籽油1大匙

调味料

盐少许

做法

1. 胚芽米洗净清洗3次，泡水1小时；山药、胡萝卜去皮，切丁；虾皮泡水后，沥干水分。
2. 热锅加油，炒香虾皮，加入胚芽米及1/3的鸡高汤，翻炒至汤汁收干。
3. 再加入1/3的鸡高汤、山药丁、胡萝卜丁及少许盐，翻炒至汤汁收干。
4. 倒入剩余的鸡高汤，翻炒至汤汁被胚芽米完全收干即可。

营养笔记

不同食材组合而成的胚芽米炖饭，含有能抗氧化的β-胡萝卜素，以及抗癌的黏多糖体。胚芽米中的淀粉质也是能量的来源，此料理可当便餐食用。

莲子

别名：莲实

主要营养成分：蛋白质、膳食纤维、β-麦胚固醇、荷叶碱、甲基莲心碱、胡萝卜素、钙、镁、B族维生素

专家提醒

莲子心味苦，许多人在使用时都会扔掉，但大部分有利于人体健康的生物碱都存在莲子心中，因此，不论是作为保健药膳食材，还是使用在料理中，都要尽可能保留莲子心，这样可以摄取较多的营养素。

专家细选

建议选择颗粒完整、饱满、无破裂，颜色呈象牙白色，表面无杂质，带有淡淡的清香，无腐臭味者。颜色过白的有可能用化学药剂漂白过，要避免选购。

保存处理方式

1.建议拆封后，用密封袋或保鲜罐存放于冰箱冷藏，以避免腐败和虫蛀，并尽快食用完毕。也可以一次煮熟后，用小包分装方式，密封存放于冰箱冷冻。

2.如果购买的是干莲子，建议烹煮前，用清水冲洗干净后，浸泡2~3小时，料理时较易软化，口感也比较好。新鲜的莲子要剥除表皮膜，再用清水冲洗干净。

重量（克）	蛋白质（克）	脂肪（克）	糖类（碳水化合物）（克）	膳食纤维（克）
100	9.5	0.7	25.2	6.4

碱 示 点 1

甲基莲心碱（Neferine）　　安眠、抑制癌细胞生长

莲子是藏于莲蓬中的果实，也是莲花的种子，自古就是养心安神的保健食材，能改善轻度失眠。近年来研究发现，莲子中含有多种生物碱，其中，甲基莲心碱在临床实验上被发现具有抑制骨癌细胞生长和扩散的功效。

碱 示 点 2

β–麦胚固醇　　减少胆固醇吸收，降低心血管疾病

饮食模式趋于大鱼大肉的现代人，常有胆固醇过高的问题，而胆固醇与动脉硬化、中风具有非常大的相关性。莲子中所含的β–麦胚固醇是一种天然的降胆固醇营养素，它在肠道中会与胆固醇竞争结合吸收位置，使胆固醇无法被人体吸收，所以，能够降低患心血管疾病的风险。

碱 示 点 3

镁　　延缓细胞老化，远离慢性病

镁是人体进行新陈代谢过程中所需要的一种非常重要的元素，具有维持肌肉与神经正常运作，保持心脏功能稳定，以及强健骨骼的功能。据研究显示，如果缺少镁元素，患心血管疾病、高血压、糖尿病、骨质疏松症的风险将会增大。莲子中含有丰富的镁元素，以莲子为主食可以补充足够的镁元素。

紫米莲子粥

材料
鲜莲子70克、紫米120克、水约1000毫升

做法
1.鲜莲子洗净；紫米清洗3次，泡水1小时备用。
2.紫米过滤倒入锅中，加水及莲子煮滚。
3.改用小火续煮至莲子软化，有浓稠状即可。

营养笔记
莲子含有大量的淀粉质，能提供人体能量来源；其特有的生物碱成分，具有预防癌症的功效；紫米的花青素能抗氧化，提升免疫力。

红曲莲子饭

材料
莲子70克、大米180克、去骨鸡腿肉1个、干香菇15克、虾皮15克、鸡高汤200毫升、葡萄籽油2大匙

调味料
A.胡椒盐1小匙
B.盐少许、红曲酱1大匙

做法
1.鲜莲子洗净；大米清洗3次，泡水30分钟；香菇洗净，泡水软化后，挤干水分切丝；虾皮洗净，沥干水分；鸡腿肉切成小块，用胡椒盐腌渍10分钟备用。
2.热锅加油，炒香香菇、虾皮，加入鸡腿肉炒约5分熟，盛出。
3.大米过滤倒入电饭锅中，加入莲子以及炒香的香菇、虾皮和鸡腿肉，加入鸡高汤及调味料B煮熟即可。

营养笔记
红曲中的红曲菌素K，可以抑制胆固醇的形成；莲子中的膳食纤维能吸附胆汁，间接具有降低胆固醇的功效，能保持心血管的畅通。

莲子干贝酱炒饭

材料

鲜莲子70克、白饭150克、姜1小块、葱1根、葡萄籽油3大匙

调味料

干贝酱2大匙、盐1小匙

做法

1. 姜切末；青葱去根头，切末备用。
2. 鲜莲子洗净，放入电炖锅（外锅倒入1碗水）蒸熟，取出置凉。
3. 热锅加油，炒香姜、葱，再加入白饭炒散。
4. 最后加入调味料及莲子翻炒均匀即可。

营养笔记

莲子中的生物碱具有增强抗氧化酶活性的功能，能提高身体的免疫力和抑制癌细胞生长，有防癌效果。

黑豆

别名：乌豆

主要营养成分：卵磷脂、异黄酮素、膳食纤维、蛋白质、不饱和脂肪酸、维生素E、B族维生素、钙、铁、镁

专家提醒

黑豆磨成豆浆饮用的话，一定要先煮沸再饮用，因为黑豆中含有胰蛋白酶抑制剂，会降低蛋白质的吸收。

专家细选

建议选择颗粒完整、饱满、无破裂，颜色呈黑色，表皮带光泽者。

保存处理方式

1.建议拆封后，用密封袋或保鲜罐装好存放于冰箱冷藏，以免受潮，并尽快食用完毕。

2.烹煮前，用清水冲洗干净后，浸泡1~2小时，使之软化后再烹煮。

重量（克）	蛋白质（克）	脂肪（克）	糖类（碳水化合物）（克）	膳食纤维（克）
100	36	15.9	33.6	10.2

碱 示 点 1

异黄酮素、卵磷脂　保护细胞 抗癌护体

黑豆与黄豆虽然都是大豆的一种，但黑豆中所含的异黄酮素更为丰富。异黄酮素具有抑制癌细胞增生的作用，当不正常细胞形成时，它会选择性地抑制细胞的生长。卵磷脂是人体细胞膜上的重要成分，有维持细胞结构正常和延缓细胞老化的功效。

碱 示 点 2

肌醇六磷酸（IP 6）　阻断自由基伤害，抑制癌细胞生长

肌醇六磷酸是最近几年于天然食物，如小麦麸、糙米及豆类中发现的天然化合物，黑豆中也含有这一营养素，它具有抗氧化的作用，能抵御自由基的伤害，保护细胞的完整性，还有抑制癌细胞生长及缩小肿瘤的功效。此外，还可以将环境激素等有害物质排出体外。

碱 示 点 3

黑豆皂苷　减少胆固醇吸收，激发免疫力

皂苷是存在于豆类植物中的植物生化素，在肠道中具有吸附胆汁及胆固醇的功能，能减少胆固醇被人体吸收利用，因此，可以降低胆固醇，减少血管栓塞的发生。皂苷还能激发人体的免疫力，增强身体对抗细菌及病毒的能力。

黑豆紫米饭

材料
黑豆50克、紫米200克、水200毫升

做法
1. 黑豆、紫米清洗3次，泡水1小时。
2. 过滤后倒入电饭锅中，加水煮熟后，拌匀即可。

营养笔记
黑豆和紫米都含有丰富的花青素，能够中和自由基，有效阻止细胞癌变，以及保护细胞的完整性和维护免疫系统。

黑豆三宝饭

材料
黑豆50克、麦片50克、胚芽米70克、水200毫升

做法
1. 黑豆洗净、泡水1小时；麦片洗净、泡水20分钟过滤备用。
2. 胚芽米清洗3次，泡水1小时，过滤倒入电饭锅中，加入黑豆、麦片和水煮熟后，拌匀即可。

营养笔记
黑豆、麦片及胚芽米均含有丰富的膳食纤维，可促进肠道蠕动，有预防便秘和大肠癌的作用。

黑豆芝麻紫米粥

材料

黑豆50克、水1000毫升、芝麻粉30克、紫米150克

做法

1. 黑豆、紫米清洗3次，泡水1小时。
2. 过滤倒入锅中，加水煮滚后，改用小火续煮。
3. 煮至黑豆软化、汤微稠时，加入芝麻粉搅拌均匀即可。

营养笔记

黑豆中的维生素E和紫米中的花青素，能保护细胞膜不受自由基的攻击，从而维持细胞的完整，远离癌变威胁；芝麻中的芝麻素有保护肝脏的功能。

牛肉

别名：无

主要营养成分：蛋白质、脂肪、维生素A、B族维生素、维生素E，铁、钙、镁、锌

牛肉的纤维较粗，建议肠胃消化不良的人，将其处理成肉末来料理。

专家细选

建议选择颜色呈鲜红色，有湿润的光泽感，无血水渗出，脂肪为白色，且分布均匀，闻起来无腐臭味的牛肉，这样的牛肉较新鲜且口感较好。颜色呈暗红色的，说明在常温下放得过久，已不新鲜了，要避免选购。

保存处理方式

1.购买当天料理的话，密封存放于冰箱冷藏即可；如果不是当天料理，则建议分成小分量，用密封袋装好存放于冰箱冷冻，避免退冰后再回冰，以免变质而影响口感。

2.解冻时，可先放在冷藏室退冰，或连同密封袋浸泡于常温水中解冻。烹煮前，清洗干净即可。

重量（克）	蛋白质（克）	脂肪（克）	糖类（碳水化合物）（克）	膳食纤维（克）
100	14.8	29.7	–	–

（以牛腩标示）

营养点 1

铁质　补充元气，提振精神

铁质缺乏是贫血常见的主因之一，一般缺铁的人，从外观就可以明显地看出，脸色比较苍白，缺乏力气与精神。牛肉中含有丰富的血基质铁（Heme-iron），其吸收率比非血基铁（存在于植物性食物中）高，多吃牛肉能预防贫血，让气色红润。

营养点 2

蛋白质、锌　修护组织，提升免疫力

牛肉中含有丰富的蛋白质，有修护受伤组织的功效，是肌肉、皮肤构成不可缺少的营养素；牛肉中的锌能强化免疫系统、促进生长发育、加速伤口的愈合，是补充精力与体力不可缺少的营养素。

营养点 3

脂溶性维生素A、维生素E　抗氧化，增进免疫力

皮肤是人体免疫防御的第一道防线，所以皮肤健康的话，就可以有效抵抗体外病菌的侵入。牛肉中含有丰富的脂溶性维生素A、维生素E，能减少不饱和脂肪酸的氧化，有助于维持细胞的完整性，增强皮肤、黏膜层的健康，因此，适量摄取牛肉有益健康。

红酒炖牛肉

材料
牛筋条600克、西芹1根、洋葱1/2个、胡萝卜1条、马铃薯1个、奶油50克、葡萄籽油1大匙

调味料
盐少许、红曲红酒500毫升、牛高汤600毫升

做法
1. 牛筋条切块，加入红曲红酒，封上保鲜膜，放入冰箱中冷藏，腌渍过夜；洋葱切块；西芹切段；胡萝卜、马铃薯去皮，切块备用。
2. 热锅加油及奶油，炒香洋葱、西芹、胡萝卜、马铃薯后，与腌渍好的牛筋条、高汤及盐，再倒入电炖锅中（外锅倒入1碗半的水），煮熟即可。

营养笔记
据研究显示，红酒中的白黎芦醇具有抑制癌细胞生长的功效；牛肉中丰富的铁质可以补充元气，提升人体抵抗力。

滑蛋牛肉

材料
牛肉片100克、鸡蛋3个、葱2根、葡萄籽油3大匙

调味料
A.胡椒粉少许、盐少许、米酒少许、淀粉1小匙
B.蛋清1大匙、酱油1小匙、酒少许、淀粉1小匙

做法
1. 葱洗净，切成葱花；牛肉片用调味料B腌渍10分钟备用；鸡蛋打散与调味料A、葱花拌匀备用。
2. 热锅加油，放入牛肉片用大火快炒至肉变色后盛出。
3. 改用中火，将葱花蛋液倒入，翻炒至半熟时，再加入牛肉片拌炒至熟即可。

营养笔记
牛肉含有丰富的完全蛋白质，可增强人体的免疫系统，维持良好的防御功能，避免病菌入侵；鸡蛋中的卵磷脂可以转化为神经传导物质，有健脑的功效。

番茄土豆炖牛肉

材料

牛筋条600克、鲜花生100克、牛番茄2个、姜1小块、葱1个、牛骨高汤600毫升、葡萄籽油1大匙、奶油30克

调味料

糖少许、盐1小匙、花椒1小匙、胡椒粒2小匙

做法

1. 牛筋条洗净，切块，用热水汆烫后备用；姜切片；葱洗净、切段；牛番茄洗净，底部用刀划十字口，泡热水后去皮、切块。

2. 热锅加油及奶油，炒香葱、姜及牛筋条后盛出，再与番茄、花生及高汤、调味料一起放入电炖锅。

3. 外锅倒入1碗水，煮到开关跳起时，再加1碗水再次蒸煮，等开关再次跳起时，续焖10分钟即可。

营养笔记

番茄的茄红素可以预防前列腺炎；花生中的硒元素有防癌功效；牛肉中的维生素B$_{12}$，具有降低患心血管疾病风险的功效。

土鸡

别名：无

主要营养成分：蛋白质、肌肽、肌肽、维生素A、维生素E、维生素B$_3$、维生素B$_{12}$、铁、锌、镁

专家提醒

市售的土鸡和肉鸡很难分辨，建议你可以参照专家的建议来挑选真正的土鸡。

专家细选

土鸡体形不大，骨架小、皮薄有光泽，手指按压具有弹性，肉质颜色呈较鲜艳；而白肉鸡的肉质颜色较淡。在市场上购买时，建议找认识的或有口碑的摊贩购买。如果去超市购买，建议选购有认证标志的，较有品质保证。

保存处理方式

1. 购买当天料理的话，密封存放于冰箱冷藏即可；如果当天不料理，则建议用密封袋包装好存放冰箱的冷冻库中。

2. 解冻时可先放于冰箱的冷藏室退冰，或连同密封袋浸泡在常温水中解冻，烹煮前清洗干净。

重量（克）	蛋白质（克）	脂肪（克）	糖类（碳水化合物）（克）	膳食纤维（克）
100	23.8	2.1	－	－

营养点 1

双胜肽、肌肽　　抗肿瘤活性，调节免疫反应

土鸡由于生长环境与饲养的方式不同，其肉质比一般饲养的肉鸡更为细致绵松，口感较好，而且活性蛋白的含量高。据研究发现，土鸡肉中所含的双胜肽（anserine）与肌肽（carnosine），有很强的抗氧化和抗肿瘤活性，能调节免疫反应，减少体脂肪，还具有促进伤口愈合的功能。

营养点 2

磷脂酰丝氨酸　　提高记忆力，健脑抗老

磷脂酰丝氨酸是构成细胞膜的主要成分之一，能增强大脑功能，帮助神经细胞获取钙离子，调节脑神经细胞传递反应的机制，增强记忆力及注意力，还具有改善焦躁不安的情绪及抗老化的作用。营养分析发现，土鸡肉尤是在鸡腿部分的磷脂酰丝胺酸含量，高于肉鸡数倍以上。

营养点 3

谷氨酰胺　　帮助伤口愈合，提升免疫能力

土鸡肉含有谷氨酰胺，手术后的病人可用来补充精神、恢复体力。谷氨酰胺是人体进行组织修复，以及维持生命很重要的一种氨基酸，如果体内有足够的谷氨酰胺，将有助于各种蛋白质的合成和受损组织的修复。

纯土鸡露

材料
土鸡1只、姜1块

调味料
盐3小匙

做法
1. 姜切成片；清洗鸡身内、外的杂质，并将脂肪去除。
2. 打开土鸡的胸，掀开鸡身两侧，并各剁一刀，使鸡身能完全摊平，再用刀背敲碎各部位的骨头，最后用刀面拍打鸡身让鸡肉微碎。
3. 在电炖锅内放置浅水盘，以接滴下的鸡汁用；整只鸡摊平并放上姜片，置于网器上，再架在电锅上，外锅倒入1碗半的水蒸煮，待开关跳起，续焖20分钟即可。

营养笔记
土鸡的水分含量少，利用炖煮法，可以吸收到土鸡中更多的氨基酸，尤其是能抗疲劳、提升免疫力的甲肌肽和肌肽。

三杯土鸡

材料
土鸡腿排1个、蒜仁20克、罗勒10克、姜1小块、红辣椒1根

调味料
黑芝麻油2大匙、酱油2大匙、米酒1大匙、糖2小匙

做法
1. 土鸡腿剁成小块；姜切成片；辣椒洗净、斜切段；罗勒洗净备用。
2. 热锅加入黑芝麻油，将姜片、蒜仁炒香后，加入鸡腿肉、酱油、米酒翻炒至熟。
3. 起锅前，撒上糖、辣椒段、罗勒拌炒均匀即可。

营养笔记
土鸡肉质细致并富咀嚼感，低脂肪、高蛋白，氨基酸品质优良，能被人体免疫组织高效利用，有增强免疫力的作用。

葡萄牙鸡

材料

土鸡腿排1个、马铃薯2个、番茄1颗、洋葱1/4个、蒜瓣3瓣、奶油30克、鲜奶300毫升、水100毫升、葡萄籽油1大匙

调味料

姜黄粉1大匙、盐1小匙

做法

1. 土鸡腿剁成小块；洋葱切丁；蒜切成末；马铃薯去皮，切块；番茄洗净，切块备用。

2. 热锅加油及奶油，炒香洋葱丁、蒜末，再放入鸡腿肉块翻炒至肉泛白。

3. 加入马铃薯、番茄以及盐和水，翻炒均匀后，倒入鲜奶及姜黄粉翻炒至马铃薯软化，再续煮10分钟即可盛盘。

营养笔记

土鸡腿肉低脂、高蛋白，其中磷脂酰丝胺酸含量比其他部位高，这种物质有助脑部保健，可以减少老年人失智的发生，并有增强免疫力的功效。

鲈鱼

别名：花鲈

主要营养成分：蛋白质、胜肽、不饱和脂肪酸、维生素A、维生素D、维生素B$_3$、叶酸、维生素B$_{12}$、钙、钾、镁、硒、锌

专家提醒

鲈鱼特别适合手术后的患者食用，可以用来补充营养，其蛋白质细致、易消化吸收，能快速地帮助伤口愈合，提升免疫力。

专家细选

建议选购鱼鳃颜色呈鲜红色的，颜色越暗说明越不新鲜；鱼眼饱满突出、明亮、无血丝，鱼鳞完整、有光泽且不易脱落，肉质按压有弹性者较为新鲜。

保存处理方式

1.建议先清除内脏和鱼鳃，如果购买当天吃的话，密封存放于冰箱冷藏即可，否则，建议用密封袋装好存放于冰箱冷冻。

2.解冻时，可先放在冷藏室退冰，或连同密封袋浸泡于常温水中解冻。烹煮前清洗干净，并擦干表面的水分，以避免油爆。

重量（克）	蛋白质（克）	脂肪（克）	糖类（碳水化合物）（克）	膳食纤维（克）
100	19.4	1.2	0.4	-

营养点 1

鲈鱼胜肽　促进矿物质吸收，加速伤口愈合

鲈鱼的肉质细致、易消化，一般患者做完手术后，常将其作为滋补身体的天然营养食材。鲈鱼的蛋白分子结构小，在转化为氨基酸的过程中，会分解产生2～100多个氨基酸所组成的胜肽，不仅具有营养功能，还能促进钙、锌等矿物质的吸收，因此，对于加速伤口愈合有帮助。

营养点 2

ω－3不饱和脂肪酸、硒、蛋白质　　提升抗癌力

鲈鱼含有丰富的ω－3不饱和脂肪酸，对于维持正常心跳、降低血压、预防血栓以及抑制炎症反应有功效；硒，可以阻止自由基对人体细胞的伤害，避免细胞癌变，并且可以抑制癌细胞的生长；蛋白质，能维持免疫系统的完整性，帮助抗体的形成，可以增强抵抗力。

营养点 3

精氨酸　　降血压 提高免疫力

精氨酸是鲈鱼蛋白中含量丰富的氨基酸，在人体代谢过程中，会转化成一氧化氮合酶，后者能维护人体健康，使血管平滑、细胞舒张，从而增加血管的扩张能力，有助于血压的控制。作为一种神经传导因子，精氨酸能提高学习及记忆力，并且能抑制肿瘤细胞生长及繁殖。

泰式柠檬鲈鱼

材料
鲈鱼1条、姜1小块、蒜瓣4瓣、红辣椒1根、香菜少许

调味料
A.盐3小匙
B.鱼露2大匙、糖2大匙、鲜柠檬汁30毫升、冷开水40毫升

做法
1.姜与蒜切末；辣椒、香菜切末；姜末、蒜末、辣椒末、香菜末与调味料B拌匀，制成泰式柠檬酱汁。
2.鲈鱼洗净后，擦干水，鱼身两面各划两刀，涂上盐，置于浅盘中。
3.锅内加水煮滚后，将鱼放置于隔水架上，用大火蒸熟后，取出淋上泰式柠檬酱汁即可。

营养笔记

鲈鱼肉质细致，易消化吸收，可以维护人体的免疫系统，增强抵抗力；柠檬中的维生素C可以强化上述效果。

枸杞百合鲈鱼

材料
鲈鱼1条、鲜百合1个、枸杞10克、姜1小块、葱1根、葡萄籽油2大匙

调味料
A.盐1小匙、蛋白液1大匙、淀粉2大匙
B.盐少许、米酒1大匙

做法
1.姜切片；葱洗净切段；鲜百合去蒂，取花瓣洗净；枸杞洗净备用。
2.鲈鱼洗净，用刀取出两边的肉，斜切成片状，加入调味料A，轻轻拌匀。
3.热锅加油，炒香姜、葱后，加入百合翻炒，再放入鱼片、枸杞，加入调味料B，用大火翻炒至鱼肉熟透后，即可盛盘。

营养笔记

鲈鱼含有人体所需的氨基酸，可以迅速修补受损的组织。搭配具有润肺止咳、清心安神的百合，以及具护肝功能的枸杞，可以提高这道菜的健康功效。

咕咾鲈鱼

材料

鲈鱼1条、青椒1个、鸡蛋1个、淀粉50克、葡萄籽油1000毫升

调味料

A.番茄酱3大匙、糖2小匙、酱油2小匙、水100毫升、黑醋1大匙

 B.胡椒盐2小匙

做法

1. 鲈鱼洗净，用刀取出两边的肉，斜切成片状，抹上胡椒盐备用。

2. 青椒去籽，切成条状；蛋打散成蛋液备用。

3. 热锅加油，烧至180℃，将鱼片蘸上蛋液及淀粉，入锅炸至金黄色时取出。

4. 青椒蘸蛋液、淀粉入锅，过油即捞起，与炸好的鱼肉一起盛盘。

5. 将调味料A中的番茄酱、糖、酱油和水调匀、煮开后，熄火再加上黑醋拌匀，制成酱汁，可直接淋在鱼肉上或当蘸酱食用。

营养笔记

鲈鱼含有增强免疫力的维生素A，具有抗癌及预防感冒的功效，而且肉质细致、好消化吸收，对于手术后的伤口愈合很有帮助。

绿豆芽

别名：银芽

主要营养成分：天门冬氨酸、胡萝卜素、皂苷、维生素C、维生素A、B族维生素、钙、铁

专家提醒

绿豆芽很容易烹调，略微氽烫后快速冷却，可以保留其中大部分的水溶性维生素，还可使绿豆芽口感更为鲜脆。

专家细选

建议选购梗较粗、饱满有脆度、有光泽，易折断，颜色呈白色，闻起来无刺鼻的化学药剂或腐臭味，豆瓣呈淡黄色者。切勿选购豆瓣略带蓝色，因为这种豆芽可能用化学药剂浸泡过。

保存处理方式

1. 购买回来后可以先冲洗干净，如果不是当天烹煮，建议将豆芽菜泡在清水中（水量要盖过豆芽菜），存放于冰箱冷藏，可保持新鲜，使其不易变黄，但仍建议尽快食用完毕。

2. 烹煮前，建议用清水冲洗3次，并浸泡1小时，或先用滚水氽烫后，再浸泡冷水，以避免农药残留、保留营养素并保持其脆度。

重量（克）	蛋白质（克）	脂肪（克）	糖类（碳水化合物）（克）	膳食纤维（克）
100	3.2	0.5	5.4	1.7

碱 示 点 1

维生素C　　抗氧化，保养肌肤

绿豆在发芽的过程中，维生素C的含量会越来越高。维生素C具有抗氧化、预防坏血病，以及增强免疫力等功效。此外，维生素C是胶原蛋白合成过程中不可少的营养素，对于肌肤的保养与骨关节的保健都很重要。

碱 示 点 2

天门冬氨酸　　抗疲劳、排毒

绿豆芽中含有丰富的天门冬氨酸，可以提高热量的代谢，因此，具有对抗疲劳、提高活力的作用，也能将具有挥发毒性的氨排出体外，促进尿液的合成，协助体内的排毒工程，使身体维持良好的健康状况。

碱 示 点 3

钾　　预防血管疾病

钾是维持人体生命不可缺的元素，常吃含钾量高的食物，可以降低患心脑血管疾病的风险，特别是对于高血压患者及目前饮食中钠偏高的人而言，多吃含钾的豆芽菜，可以排出多余的钠，有降低血压的功效。此外，钾还具有缓解动脉硬化和预防动脉壁增厚的功效。

银芽鸡丝

材料
绿豆芽50克、鸡胸肉80克、冰块水1盆

调味料
干贝酱1大匙、胡椒盐1小匙

做法
1. 豆芽去头尾、洗净，用滚水汆烫后，放入冰水中冰镇。
2. 鸡肉涂上胡椒盐，放入电锅中（外锅倒入半碗水），蒸熟后取出，置凉后撕成丝。
3. 将豆芽梗及鸡肉丝加上干贝酱拌匀即可。

营养笔记
豆芽中丰富的叶绿素与维生素C，可消除体内的致癌物质，降低癌症的发生；鸡丝中的蛋白质，能协助抗体与白细胞的合成。

上汤煨银牙

材料
绿豆芽50克、香菜少许、干贝2粒、鸡高汤500毫升、淀粉水1大匙

调味料
干贝蚝油1大匙、绍兴酒1小匙、盐少许

做法
1. 豆芽去头尾，洗净；香菜洗净，切末备用。
2. 干贝泡水后，将水滤掉，再放入电炖锅中（外锅倒入半碗水），蒸熟取出，放凉后撕成丝备用。
3. 鸡高汤用小火煮开，加入干贝蚝油、盐、干贝丝调匀后，再加入淀粉水勾芡。煮至微稠时，放入豆芽，待汤煮滚后熄火。
4. 最后淋上绍兴酒，撒上香菜末即可盛盘。

营养笔记
绿豆芽中丰富的维生素C，能中和具有潜在致癌危险的自由基；干贝中的蛋白质，是构成免疫球蛋白的主要成分，以及合成胶原蛋白的原料。

豆芽卷

材料

绿豆芽50克、豆酥20克、苜宿芽30克、润卷皮2张、胡萝卜1/4条、圆白菜1/4棵、鸡蛋1个、葡萄籽油500毫升、高汤500毫升

用具

保鲜膜1张

调味料

盐1小匙、椒盐少许

做法

1. 绿豆芽洗净；胡萝卜去皮，切丝；圆白菜洗净，切丝；苜蓿芽用冷开水洗净后，沥干水分备用。

2. 高汤用小火煮开，加入盐，陆续汆烫豆芽、胡萝卜丝、圆白菜丝，捞起备用。

3. 热锅加油，将蛋打散，加入胡椒盐拌匀，经过滤网流下油锅，炸成蛋酥。

4. 保鲜膜铺在砧板上，放上润卷皮，并陆续加上豆芽、胡萝卜丝、苜宿芽、圆白菜丝、豆酥、蛋酥，将其卷起即可。

营养笔记

豆芽、苜蓿、胡萝卜、圆白菜中都含有酵素成分，能增强细胞组织的功能，还可以协助肝脏解毒，避免有毒物质对人体的伤害。

芦笋

别名：石刁柏

主要营养成分：膳食纤维、维生素C、B族维生素、维生素A、硒、天门冬氨酸、精氨酸

专家提醒

白芦笋，是嫩茎未突出地面前采收的食材，而绿芦笋是长出地面进行光合作用后，才采收的食材，因此，绿芦笋的营养价值要优于白芦笋。

专家细选

目前市面上多为绿芦笋，建议选购整支直挺、细嫩饱满，颜色翠绿有光泽，笋尖鳞片紧密，无腐败气味者。

保存处理方式

1.如果不是当天烹煮，建议用纸巾擦干芦笋表面的水分，再密封存放于冰箱冷藏，这样可以保鲜，延缓其木质化，但仍建议尽快食用完毕。

2.烹煮前，建议用清水冲洗干净，用刨刀刨除底部较粗的表皮纤维。芦笋不宜长时间高温烹煮，否则易使营养流失，建议尽量采用汆烫或快炒的方式。

重量（克）	蛋白质（克）	脂肪（克）	糖类（碳水化合物）（克）	膳食纤维（克）
100	0.3	0.1	5.9	1.8

碱 示 点 1

芦笋黄酮类　防癌抑癌

芦笋含有许多的活性成分，其中的黄酮类物质是目前被研究较多的一种成分。芦笋中所含的黄酮类，主要有芸香素、槲皮素和山柰酚。芸香素具有抑制血小板凝集，保持血管通畅，强化血管的功能；槲皮素能减轻关节发炎的症状，具有抗发炎的作用；山柰酚能保护细胞，减少细胞被自由基癌化的可能性。

碱 示 点 2

谷胱甘肽　解毒，保护肝脏

肝脏是人体最主要的解毒器官，但是现代人的饮食状况常常使肝脏长期处在"疲于奔命"的超负荷工作中，所以，肝脏疾病成为国人发病率最高的疾病之一。芦笋中的谷胱甘肽是合成体内抗氧化酶——谷胱甘肽还原酶的主要原料，可以协助肝脏进行解毒。

碱 示 点 3

叶酸　提高抵抗力 预防贫血

芦笋中含有丰富的叶酸，对于胎儿初期发育是一种很重要的营养素，若缺乏叶酸，可能会造成神经管出现缺陷，而且它与维生素B$_{12}$会影响红细胞的生成，若缺乏叶酸可能会造成巨球性贫血，建议孕妇在怀孕初期，可多吃芦笋来补充叶酸。

芦笋手卷

材料
芦笋4根、海苔片2张、苜宿芽30克、圆白菜1/5棵、生菜叶2片、保鲜膜1张

调味料
花生粉1大匙、美乃滋

做法
1. 圆白菜洗净，切丝；芦笋洗净，刨除底部较粗的表皮纤维，再切成段，用滚水汆烫熟后，捞起。
2. 苜宿芽、圆白菜、生菜叶用冷开水洗净，沥干水分备用；海苔放入烤箱（上火60℃、下火50℃），烤5分钟取出备用。
3. 保鲜膜放上海苔片、生菜叶、圆白菜丝、苜宿芽、芦笋，撒上花生粉、美乃滋，卷起即可。

🥄 营养笔记
芦笋中的微量元素钙、镁，与海苔中的碘，及苜蓿芽中的膳食纤维，都具有调节人体免疫系统的功能。

蒜香鲜贝芦笋

材料
芦笋100克、新鲜扇贝6粒、蒜瓣3瓣、葡萄籽油1大匙、奶油20克

调味料
盐少许

做法
1. 蒜切成末；芦笋洗净，刨除底部较粗的表皮纤维，再切成段。
2. 热锅加油及奶油，放入蒜末炒香后，再放芦笋翻炒数次。
3. 最后放入鲜贝及盐，炒至鲜贝微缩，即可盛盘。

🥄 营养笔记
芦笋含有能提升人体免疫力的天门冬氨酸；大蒜中的蒜素具有杀菌功效；鲜贝中的蛋白质能维持免疫系统的完整。

芦笋虾仁

材料
芦笋100克、虾仁80 克、葡萄籽油1大匙

调味料
盐少许、奶油20克

做法
1. 芦笋洗净，刨除底部较粗的表皮纤维，再切成段；虾仁洗净后，用滚水汆烫后，捞起备用。
2. 热锅加油及奶油，放入芦笋、虾仁与盐翻炒均匀即可盛盘。

营养笔记
芦笋中含有甘露聚糖，可提高人体免疫力，抑制异常细胞的生长；虾仁中丰富的优质蛋白质能帮助免疫细胞的合成。

韭菜

别名：起阳草

主要营养成分：有机硫化物、叶绿素、β−胡萝卜素、维生素A、B族维生素、钾、钙、镁、铁、锌

专家提醒

栽种韭菜时，如果用不透光的布覆盖，以避免阳光照射，所生长的韭菜，就是"韭菜黄"，它几乎不含有叶绿素，所以，营养成分低于一般韭菜。

专家细选

建议选购叶宽、肥厚、鲜嫩，颜色呈深绿色、有光泽，根部无变黄、腐败，手拿根部仍可直挺，香气浓郁的韭菜。

保存处理方式

1. 如果当天不吃的话，建议用纸巾擦干表面的水分，再密封存放于冰箱冷藏，这样可以保鲜，但仍建议尽早食用完毕。

2. 根部沾有较多泥沙，难以清洗，建议先切掉一小段根部，再用清水反复冲洗干净即可。

重量（克）	蛋白质（克）	脂肪（克）	糖类（碳水化合物）（克）	膳食纤维（克）
100	2.0	0.6	4.3	2.4

碱 示 点 1

有机硫化物、锌　　强精，提升抵抗力

韭菜俗称"起阳草"，含有丰富的有机硫化物，所以，有些人并不喜欢其独特的口感与气味。事实上，有机硫化物对人体的帮助很大，除了能够改善阳痿、增强性功能，还有预防动脉粥样硬化的功效；锌是雄性激素制造过程中的必需元素之一，缺乏锌可能会造成性欲减低。

碱 示 点 2

叶绿素　　增强肝脏解毒力，增强免疫力

叶绿素，是存在所有绿色植物中的植物生化素，能使植物进行光合作用，利用阳光将水、二氧化碳在植物体内转化成为碳水化合物，供给植物热量。叶绿素被人体摄取后，它能够增强肝脏的解毒能力，使毒素不易囤积在体内，强化人体的免疫力。

碱 示 点 3

粗纤维　　增强肠道蠕动，扫除深层毒素

吃过韭菜的人都知道，它含有丰富的粗纤维，这些纤维对人体有很大的帮助，可以增强肠道的蠕动，促使沉积于肠道中的宿便排出，减少毒素囤积及肠道中有害菌的发酵所产生的致癌物质。

起阳韭菜蛋

材料
韭菜50克、鸡蛋1个、虾皮10克、葡萄籽油1大匙

调味料
盐少许、胡椒粉少许

做法
1. 韭菜洗净，切小段；鸡蛋打散，加入胡椒粉拌匀；虾皮泡水取出，挤干水分，剁碎备用。
2. 热锅加油，倒入蛋液炒至微熟时，加入虾皮、韭菜与盐，翻炒均匀即可。

营养笔记
韭菜含有能保护男性前列腺的锌，对肝和肾具有温和食补的功效；鸡蛋中的胆固醇是性激素的制造原料之一，这道菜有助于精、气、神的提升。

韭菜腐皮卷

材料
韭菜50克、虾仁30克、腐皮3张、鸡蛋1个、油葱酥1大匙、蛋清1小匙、葡萄籽油500毫升

调味料
盐少许、胡椒粉少许

做法
1. 腐皮蒸软；虾仁用滚水汆烫后，捞起；韭菜洗净后切成小段，加入盐、虾仁、油葱酥拌匀。
2. 鸡蛋打散，加入胡椒粉拌匀；热锅加油，倒入蛋液煎成饼状后取出，切成条状备用。
3. 腐皮置于砧板上，放上调拌过的韭菜、虾仁及蛋条卷起，用蛋清将腐皮接缝处黏合，放入140℃的油锅中炸至金黄色即可。

营养笔记
韭菜含丰富的膳食纤维，可以促进肠道蠕动，有预防便秘的作用；腐皮中的寡糖能促进有益菌的生长，使肠道的免疫功能保持健全。

樱花虾韭菜

材料

韭菜50克、樱花虾20克、蒜瓣3瓣、葡萄籽油
2小匙

调味料

盐少许、油葱酥2小匙

做法

1. 蒜切末；韭菜洗净，去头，切段；樱花虾洗净，沥干水分。

2. 热锅加油，炒香蒜末及樱花虾，再加入韭菜与调味料，翻炒至熟即可盛盘。

营养笔记

韭菜中的含硫化合物具有杀菌功能，与樱花虾中的甲壳素搭配，能协同提升免疫力。

蕈菇类

别名：菇蕈类

主要营养成分：蕈菇多糖体、膳食纤维、麦角固醇、维生素B₁、维生素B₂、维生素C、钙、铁

主要营养成分：蕈菇多糖体、膳食纤维、麦角固醇、维生素B_1、维生素B_2、维生素C、钙、铁

专家提醒

蕈菇类是很好的抗癌、防癌食材，但由于蕈菇种类繁多，不建议自己摘食或食用来路不明的蕈菇，以避免吃进有毒的蕈菇。

专家细选

蕈菇的品种多样，以本书示范料理的三种菇类为例，草菇，建议选购菇体肥厚、菇伞紧密未张开者；杏鲍菇，建议选购菇体肥厚、直挺，按压有结实感，颜色呈乳白色，菇伞完整；蘑菇建议选购尚未清洗过的，干燥的且颜色呈白色的。因蘑菇易氧化，所以市售的蘑菇颜色会略微带黄褐色。

保存处理方式

1. 菇类应避免碰水，以免腐烂，要尽快密封起来放于冰箱冷藏，但不宜久放，建议尽早食用完毕。

2. 草菇本身含水量高，建议用清水冲洗干净即可，不宜浸泡在水中；杏鲍菇与蘑菇清洗干净后可以暂时浸泡在清水中，以避免氧化过快，影响菜的颜色与口感。

重量（克）	蛋白质（克）	脂肪（克）	糖类（碳水化合物）（克）	膳食纤维（克）
100	3.4	0.4	7.0	3.9

（以香菇标示）

碱 示 点 1

蕈菇多糖　抗癌防癌，远离疾病威胁

蕈菇类是一般餐桌上常见的料理之一，而每种蕈菇在烹调时，皆会释出黏滑液，这就是蕈菇多糖体。近年来研究发现，这种营养成分具有抗癌、防癌的功效，能增强人体的免疫系统，以及自然杀伤细胞和T淋巴细胞的活性，提高人体对抗病毒感染的能力，促进抗体的生成，抑制癌细胞的生长与繁殖。

碱 示 点 2

麦角固醇　促进钙质吸收，预防骨质疏松

蕈菇类中，含有一般蔬菜中少有的维生素D的前趋物质——麦角固醇，它在紫外线的照射下，会转化为维生素D，具有帮助钙质吸收的功效，能增强人体的抵抗力，强化骨骼健康，预防骨质疏松症的发生。

碱 示 点 3

蕈菇嘌呤　降胆固醇，保护心血管

蕈菇类中含有丰富的核酸，可以抑制肝脏中胆固醇的制造，促进血液循环，防止动脉硬化及血管栓塞，同时，还具有抑制血压上升的作用，能够保持血管的健康。

草菇炖鲍鱼

材料
草菇30克、鲜鲍鱼10粒、蛤蜊4粒、姜1小块、鸡高汤400毫升

调味料
盐少许、米酒1小匙

做法
1. 姜切成片；草菇、鲍鱼洗净；蛤蜊吐沙，洗净备用。
2. 鲍鱼、蛤蜊、草菇、姜片置于汤锅中，倒入鸡高汤以及调味料，放进电炖锅（外锅倒入1碗水），蒸炖至熟。

营养笔记
草菇的维生素C含量丰富，能帮助易感冒、体质虚弱的人增强抵抗力；鲍鱼含有维生素A能增强免疫系统，可以与自由基结合，降低疾病的发生。

法式椒盐蘑菇

材料
鲜蘑菇100克、干香菇5朵、蒜瓣5瓣、葡萄籽油500毫升

调味料
胡椒盐2小匙、奶油15克

做法
1. 蒜切成小粒；蘑菇、干香菇洗净后，擦干水备用。
2. 热锅加油，烧至160℃，放入蘑菇与香菇，炸至微缩时捞起盛盘，再与奶油拌匀。
3. 油锅改小火，倒入蒜粒，炸至焦黄捞起，与蘑菇、香菇拌匀，最后，撒上胡椒盐即可。

营养笔记
蘑菇中的多糖体能够增强T细胞的活性，对癌细胞有抑制功能，并且能强化人体的防御机制，有效地阻止病菌入侵及肿瘤的发生。

红烧杏鲍菇鸡

材料

杏鲍菇30克、土鸡腿1个、姜1小块、葱1根、
鸡高汤150毫升、葡萄籽油2大匙

调味料

蚝油1大匙、盐少许

做法

1. 姜切成片；葱洗净，切段；杏鲍菇洗净，切
   片；土鸡腿剁成小块并洗净备用。
2. 热锅加油，炒香姜片、葱段，再加入鸡腿
   肉、杏鲍菇及调味料翻炒。

3. 倒入鸡高汤拌匀，煮至汤汁收至一半时，即
   可盛盘。

营养笔记

杏鲍菇肉质肥厚，口感鲜脆，含天然抗
菌成分，能抑制病菌生长，维护身体健
康；鸡肉中的优质蛋白能提供生成免疫
球蛋白的原料。

第四周成功关键：
吃得好，睡得好

免疫力，简单地说就是人体与生俱来的自愈能力，目前很多疾病都是因为人体的自愈力不好而出现的，自愈力与现代人的睡眠有很大的关系。据研究发现，人如果无法入眠，在48小时后，淋巴细胞的增生数量，与分泌可对抗外来物的一些物质，会开始减少；77小时后，白细胞吞噬细菌的能力会明显减弱，所以，睡眠不好会导致体内的防护罩变弱而容易被攻破。饮食是细胞恢复动力的基本元素，如果饮食不均衡，营养素摄取不足，身体器官的功能就会渐渐变弱。因此，提升免疫力的关键就在于吃好、睡好。

天然元素吃得够 免疫力才够强大

免疫力的强与弱，难以从外表看出来，而且，强与弱也不代表免疫功能的好坏，因为免疫力太强，也可能会造成自体免疫的问题，例如红斑性狼疮、过敏等问题；免疫力太弱，又可能动不动就会感冒、生病，甚至要半个月才会痊愈。要想提升免疫力，饮食方面就要全面均衡地摄取营养，以供给身体每个器官组织充分的营养，只有维持每个器官组织的功能，才能达到免疫力平衡的目标。

天然食物中，存在着许多目前可能还不为人知的营养成分，所以，维持免疫力的最佳方式就是尽量多吃天然食物。以目前所知，植物中的微量元素、维生素、植物生化素，动物中的优质蛋白质、氨基酸、胜肽类，都具有增强免疫力的功能。

随着年龄的增加，免疫力会逐年衰退，所以，想要保持良好的免疫力，就要均衡饮食，使体内各器官组织的功能维持正常。有了健全的自愈力，人就不容易生病。

睡眠足 自愈力才会好

不到三更半夜不睡觉，或因为工作、心情等压力而失眠，这是现代人的生活写照，也是造成免疫力下降的最大主因之一。据研究发现，人体的生理时钟对睡眠具有调节作用，同时，也是控制免疫系统的重要因素，因此，当生理时钟紊乱时，就容易产生疾病，而且睡眠不足时，负责对抗病毒和肿瘤的免疫细胞数目也会受到影响而减少。

早睡早起，睡眠足、身体好、精神佳，让自己养成良好的生活习惯，可以提升免疫力，远离疾病。

第四周菜单示范

　　以下是第四周饮食建议的方式，你可以根据自己的饮食习惯或生活作息来安排一日碱餐。即便没有安排碱餐的餐次，我们也建议你尽量摄取偏碱性的食物。

三餐设计：1周可以隔日排定一日碱餐

天数	第一天	第二天	第三天	第四天	第五天	第六天
早餐		胚芽米麦片粥		紫米莲子粥		黑豆芝麻 紫米粥
午餐		红曲莲子饭 三杯土鸡 韭菜腐皮卷 当季蔬菜		海南胚芽米饭 咕咾鲈鱼 芦笋虾仁 当季蔬菜		莲子干贝酱 炒饭 银芽鸡丝 法式椒盐蘑菇 当季蔬菜
晚餐		黑豆紫米饭 滑蛋牛肉 红烧 杏鲍菇鸡 当季蔬菜		黑豆三宝饭 枸杞百合鲈鱼 芦笋手卷 当季蔬菜		胚芽米炖饭 红酒炖牛肉 蒜香鲜贝芦笋 当季蔬菜

早/晚餐设计：如果你是上班族，午餐无法烹煮，可以将碱餐排定在每日的早、晚餐中。

天数	第一天	第二天	第三天	第四天	第五天	第六天
早餐	胚芽麦片粥		紫米莲子粥		黑豆芝麻 紫米粥	
晚餐	红曲莲子饭 三杯土鸡 韭菜腐皮卷 当季蔬菜	黑豆紫米饭 滑蛋牛肉 红烧 杏鲍菇鸡 当季蔬菜	海南胚芽米饭 咕咾鲈鱼 芦笋虾仁 当季蔬菜	黑豆三宝饭 枸杞百合 鲈鱼 樱花虾韭菜 当季蔬菜	莲子干贝酱 炒饭 银芽鸡丝 法式椒盐蘑菇 当季蔬菜	胚芽米炖饭 红酒炖牛肉 蒜香鲜贝 芦笋 当季蔬菜

※可以根据自己的生活状况和口味，利用本书所附的个人（家庭）专属的1周饮食表，来设计打造碱性体质的饮食计划。

4周变成弱碱体质，保持健康的饮食习惯

别放弃自己的健康 从现在就开始改变

饮食习惯从小就养成了，所以会根深蒂固难以改变，但是一定要注意，"坏"的饮食模式会如同"蚕食鲸吞"般，不知不觉就把身体搞垮。平常的饮食菜单中，一般都是自己喜欢吃的食物，很少有从未吃过的食物。本书所挑选都是我们常见的食材，也许你会有疑问，难道除了书中的食材有益健康外，其他食材就没有功效吗？当然不是这样的，我们希望你借助本书，针对每周的健康功效，按照4周一循环的模式，让身体能在短时间恢复健康，并且养成正确的饮食观念和习惯，慢慢地改变每餐进食的内容。4周之后，希望你能按本书设计的大原则，多方面挑选不同的食材，让"好"的饮食模式，成为日常的生活习惯。

调整自己的菜单 健康随之而来

现代人在媒体的一再灌输下，常常对健康的饮食方式产生错误解读或断章取义，例如，有的人餐餐只吃蔬菜、不吃肉，但身体需要的营养素种类繁多，肉类中的一些营养在蔬菜中是较少或没有的。只有多样化摄取食物，才能满足身体的正常需求，这也是本书所强调的原则。本书还指出了每种食材有助于使体质变碱性的碱示点，以及可以改善体质，让身体变健康的重要营养成分。巧妙搭配食材和聪明地进食是健康均衡的饮食方法。以4周为一个循环，了解饮食摄取的原则，按照饮食计划来进食，4周过后身体必定会有很明显的改善，"亚健康"的状况将不药而愈。

检视体质是否已改变

按照本书的建议改变饮食后，每周都可感受到身体上的变化：

皮肤变得比之前有弹性、有光泽

下腹变小

不易有疲累感

精神佳，不易打瞌睡

排便顺畅，减少便秘

睡眠品质提升

4周过后……

　　本书是针对亚健康状况的人士设计的健康饮食，没有好的料理方式，我们就无法尝试更多的食物，也就无法充分摄取维持健康所需的营养素。因此，好料理配上好营养，是4周改变体质的核心诉求。4周过后，即使你的身体改变并没有如所想的显著，也不要轻易放弃，因为罗马不是一天造成的，想想你的不良饮食习惯有多久了？不要急，只要养成了良好的饮食习惯，健康就会随之而来。

{附表}水果1份换算量　　　（以家中盛饭的小碗为单位）

水果名	1份（碗）
西瓜	8分满（切块后）
木瓜	8分满（切块后）
芒果	8分满（切块后）
菠萝	8分满（切块后约6小块）
哈密瓜	1/3个或切块后约8分满
番石榴	8分满（切块后）
猕猴桃	绿色：1.5个 / 黄色：1个
莲雾	1.5～2个或切块后约8分满
苹果	小苹果（1拳头大）或切块后约8分满
橙子	4个500克大小，1个＝1份
香蕉	半条
小番茄	13～15粒或约8分满
荔枝	约8分满（不去壳）
葡萄	13粒或约8分满
樱桃	约6粒或8分满
梨子	1个拳头大或切块后约8分满
水蜜桃	1粒或切块后约8分满

第一周

健康目标	黄金食物	健康点	食谱	页码
调整肠胃功能	糙米	延缓血糖上升	三彩糙米饭	P10
		促进酸性物质代谢	糙米菜饭	P10
		促进伤口愈合	糙米蔬菜粥	P11
	燕麦	提升免疫力	燕麦鲜果牛奶粥	P14
		调整偏酸体质	燕麦三宝饭	P14
		降低胆固醇	燕麦珍珠丸子	P15
	小米	减少自由基伤害	小米南瓜粥	P18
		加强抗酸化	小米蒸饭	P18
		增强肠道功能	小米锅巴	P19
	鳕鱼	增进生长发育	酱烧鳕鱼	P22
		降低血脂肪	破布子蒸鳕鱼	P22
		健脑防失智	日式照烧鳕鱼	P23
	鸡肉	提升活力	五味鸡柳	P26
		骨骼保健	木须鸡肉	P26
		协助肝脏排毒	百合鸡肉片	P27
	毛豆	帮助肠道有益菌增生	南洋毛豆干	P30
		润肠通便	毛豆虾仁	P30
		协助酸性物质排出体外	干贝发菜毛豆羹	P31
	秋葵	护肠保胃	秋葵拌鲔鱼	P34
		清血降脂	番茄秋葵炒牛肉	P34
		平衡酸碱，改造体质	腐皮秋葵煲	P35
	海藻类	清酸排毒	海带肉丝	P38
		避免代谢异常	姜爆双芽	P38
		提高肝功能	双色海带饭	P39
	圆白菜	帮助新陈代谢	枸杞圆白菜	P42
		调酸塑体	圆白菜蛋饼	P42
		护肝解毒	圆白菜鸡肉沙拉	P43
	豆腐类	保护心血管	葱烧豆腐	P46
		加速毒素排出	香椿焖豆包	P46
		降低胆固醇	南瓜豆腐煲	P47

第二周

健康目标	黄金食物	健康点	食谱	页码
提升抗氧化力	薏苡仁	协助抗氧化酵素发挥功效	薏苡仁四宝饭	P54
		增强免疫力	松子罗勒薏苡仁饭	P54
		控制血糖	什锦薏苡仁粥	P55
	紫米	增强抗氧化力	海南紫米饭	P58
		补血暖身	紫米鸡丝拌饭	P58
		清洁肠道	桂圆红豆紫米粥	P59
	山药	调节免疫活性	日式山药饭	P62
		预防骨质疏松	枸杞山药粥	P62
		控制血糖	鲜蔬山药炖饭	P63
	海参	预防动脉硬化	葱烧海参	P66
		抗菌防癌	上汤炖海参	P66
		保护关节	海参酿白玉	P67
	台湾鲷	增强抗氧化力	牛蒡鲷鱼	P70
		增强记忆与学习能力	五味鲜鱼片	P70
		提升免疫机能	彩椒烧鲷鱼	P71
	猪肉	帮助生长发育	烤松板肉	P74
		抗疲劳	东北白肉	P74
		预防贫血	红曲烧子排	P75
	魔芋	控制体重	魔芋蔬果沙拉	P78
		降低胆固醇吸收	奶油魔芋焗白菜	P78
		有效控制血糖	魔芋烩野蔬	P79
	番茄	维持前列腺的健康	意式番茄肉酱	P82
		预防胰腺癌	焗烤番茄	P82
		增强胰岛素的作用	番茄炒三鲜	P83
	牛蒡	抗氧化、防癌	牛蒡炒肉丝	P86
		促进肠道有益菌繁殖	香酥牛蒡片	P86
		稳定血压	牛蒡排骨	P87
	西蓝花	维持肌肤健康	XO酱炒西蓝花	P90
		预防黄斑部病变	鲜贝西蓝花	P90
		抗氧化、防癌	奶香双花菜	P91

第三周

健康目标	黄金食物	健康点	食谱	
提升代谢力	荞麦	帮助糖类代谢	荞麦三宝饭	P98
		消油减肥	荞麦大米粥	P98
		维护前列腺的健康	荞麦饭团	P99
	马铃薯	稳定血糖	焗烤马铃薯	P102
		预防癌症	马铃薯炖饭	P102
		消除水肿型肥胖	马铃薯沙拉	P103
	番薯	清理宿便	薯条年菜饭	P106
		降低心血管病的发生	番薯小米麦片粥	P106
		提升免疫力	薯条糕羹	P107
	蚬（蛤蜊）	协助脂肪代谢	塔香蛤蜊	P110
		保护脑细胞	蒜仁蚬精	P110
		修复肝脏	紫苏河蚬	P111
	鲑鱼	延缓脑部退化	鲑鱼蛋饼	P114
		预防动脉硬化	黑胡椒烤鲑鱼	P114
		延缓糖尿病并发症的发生	三杯鲑鱼骨	P115
	海蜇皮	促进代谢	银丝海蜇	P118
		产生饱腹感	呛海蜇	P118
		预防糖尿病	XO酱拌三丝	P119
	洋葱	杀菌，提升代谢力	凉拌芥末洋葱	P122
		降血糖	洋葱炒牛柳	P122
		保持血管通畅	奶油洋葱鸡腿排	P123
	黑木耳	减食消脂	葱爆木耳	P126
		保肝护肾	陈醋拌木耳	P126
		提振精神	木耳海鲜饼	P127
	南瓜	利尿消肿	南瓜鸡丁	P130
		降低血糖浓度	南瓜核桃蛋	P130
		前列腺保健	南瓜海鲜煲	P131
	甜椒	促进代谢率	三色椒炒肉丝	P134
		有利于脂肪燃烧	彩椒干贝鸡丁	P134
		润肠通便	彩椒烩三菇	P135

第四周

健康目标	黄金食物	健康点	食谱	
增强免疫力	胚芽米	改善自律神经失调	胚芽米麦片粥	P144
		助睡安眠	海南胚芽米饭	P144
		解除疲劳	胚芽米炖饭	P145
	莲子	抑制癌细胞生长	紫米莲子粥	P146
		降低心血管疾病	红曲莲子饭	P146
		延缓细胞老化	莲子干贝酱炒饭	P147
	黑豆	保护细胞	黑豆紫米饭	P150
		抑制癌细胞生长	黑豆三宝饭	P150
		增强免疫力	黑豆芝麻紫米粥	P151
	牛肉	补充元气	红酒炖牛肉	P154
		修护组织	滑蛋牛肉	P154
		增强免疫力	番茄土豆炖牛肉	P155
	土鸡	抗肿瘤	纯土鸡露	P158
		健脑抗老	三杯土鸡	P158
		帮助伤口愈合	葡萄牙鸡	P159
	鲈鱼	加速伤口愈合	泰式柠檬鲈鱼	P162
		提升抗癌力	枸杞百合鲈鱼	P162
		降血压	咕咾鲈鱼	P163
	绿豆芽	肌肤保养	银牙鸡丝	P166
		抗疲劳	上汤煨银牙	P166
		防止血管疾病	豆芽卷	P167
	芦笋	防癌抑癌	芦笋手卷	P170
		保护肝脏	蒜香鲜贝芦笋	P170
		预防贫血	芦笋虾仁	P171
	韭菜	提升抵抗力	起阳韭菜蛋	P174
		增强肝脏解毒力	韭菜腐皮卷	P174
		促进肠道蠕动	樱花虾韭菜	P175
	蕈菇类	抗癌防癌	草菇炖鲍鱼	P178
		促进钙质吸收	法式椒盐蘑菇	P178
		保护心血管	红烧杏鲍菇鸡	P179

个人（家庭）专属1周饮食计划表

开始日期：　　　年　　　月　　　日
　　　　　　第　　　周

饮食计划表

天数	第一天	第二天	第三天
早餐			
中餐			
晚餐			

第四天	第五天	第六天	第七天

图书在版编目（CIP）数据

体质酸性变碱性的关键饮食 / 陈彦甫, 吴大为著. -- 武汉：湖北科学技术出版社, 2015.3

ISBN 978-7-5352-7319-2

Ⅰ.①体… Ⅱ.①陈… ②吴… Ⅲ.①保健—食谱
Ⅳ.①TS972.161

中国版本图书馆CIP数据核字（2014）第275197号

著作权合同登记号 图字：17-2014-346

本书通过四川一览文化传播广告有限公司代理，经台湾台视文化事业股份有限公司授权出版

责任编辑：刘焰红　李荷君　　　　　　　　　　封面设计：烟　雨

出版发行：湖北科学技术出版社　　　　　电　　话：027-87679468

地　　址：武汉市雄楚大街268号　　　　　邮　　编：430070
　　　　　（湖北出版文化城B座13-14层）

网　　址：http://www.hbstp.com.cn

印　　刷：北京和谐彩色印刷有限公司　　　邮　　编：101111

710×1000　1/16　　　　　12.5印张　　　　　200千字
2015年3月第1版　　　　　　　　　　2015年3月第1次印刷
　　　　　　　　　　　　　　　　　　　定　　价：32.00元

延伸阅读：

最佳食疗 饮食疗法与中医药养生完美结合

最佳食疗：
推介中药及功效食谱
提供40多款养生食谱
详述糖尿病的病因机理
饮食疗法与中医药养生完美结合
糖尿病食疗
张群湘博士 著
香港年度、月度畅销书榜前5名
再版5次

最佳食疗：
推介护肝药及功效食谱
提供40多款养生食谱
饮食疗法与中医药养生完美结合
详述肝病的基本常识
护肝食疗
张群湘博士 李盈娇 著
香港年度、月度畅销书榜前5名
再版5次

最佳食疗：
提供40多款降脂食谱
推介中药减肥食谱
饮食疗法与中医药养生完美结合
降脂减肥食疗
张群湘博士 黎子庆 著
香港年度、月度畅销书榜前5名
再版5次

最佳食疗：
预防骨质疏松症中药及食材介绍
提供40多款防治骨质疏松症菜谱
饮食疗法与中医药养生完美结合
骨质疏松食疗
张群湘博士 著
香港年度、月度畅销书榜前5名
再版5次

最佳食疗：
助眠中药和食材介绍
提供40多款助眠菜谱
饮食疗法与中医养生完美结合
失眠食疗
香港年度、月度畅销书榜前5名
再版5次

最佳食疗：
健脑中药介绍
提供40多款健脑食谱
饮食疗法与中医药养生完美结合
健脑食疗
香港年度、月度畅销书榜前5名
再版5次

最佳食疗：
提供40多款食疗菜谱
推介中药养生食谱
详述更年期的生理与心理特征
饮食疗法与中医药养生完美结合
更年期食疗
张群湘博士 招juㄧ 著
香港年度、月度畅销书榜前5名
再版5次

食疗药房系列

食疗煲汤系列